Justgo

NHA TRANG
나트랑

호찌민

김문환 지음

시공사

Contents

4 저자의 말
5 저스트고 이렇게 보세요

나트랑 추천 여행 일정

17 3박 4일 알찬 관광 코스
18 4박 5일 커플 휴양 코스
19 4박 5일 가족 여행 코스
20 5박 6일 핵심 여행 코스
21 5박 6일 달랏 연계 여행 코스

베스트 오브 나트랑

24 나트랑을 여행하는 6가지 이유
26 나트랑 여행의 하이라이트
30 인기 있는 대표 음식
34 인기 있는 맥주와 음료
35 꼭 먹어 봐야 할 나트랑의 과일
36 나트랑 추천 기념품
38 나트랑의 인기 카페

나트랑 여행의 시작

42 여행 전 알아 둘 베트남 기본 정보
46 나트랑 여행 언제 갈까
48 우리나라에서 나트랑 가는 법
49 나트랑 입국 절차 및 시내로 이동 방법
51 베트남 주요 도시에서 나트랑 가는 법
54 나트랑 시내 교통수단

나트랑 여행 포인트

58 나트랑 추천 코스
62 볼거리 즐길 거리 천국, 빈펄 랜드
66 신난다! 나트랑 호핑 투어
68 나트랑 관광
80 원데이 투어로 떠나는 달랏 여행
83 나트랑 호텔 & 리조트
106 가족 여행객을 위한 숙소 Q&A
107 나트랑 맛집
124 나트랑 쇼핑
128 나트랑 스파 & 마사지
134 나트랑 나이트라이프

스톱오버 여행자를 위한 Just go 핵심 호찌민

140 호찌민 입국 절차 및 이동 방법
142 호찌민 추천 코스
146 호찌민 관광
155 호찌민 호텔 & 호스텔

나트랑 여행 준비

160 여권과 비자
162 여행 계획 세우기
164 환전과 여행 경비
165 여행 가방 꾸리기
166 인천공항 가는 법
168 출국 수속
170 베트남 여행 회화

174 찾아보기

지도 찾아보기

11 베트남
12 나트랑
14 나트랑 중심부
16 나트랑 외곽
144 호찌민

저자의 말

씬짜오 나트랑 Xin chào Nha Trang.
동양의 나폴리로 불리는 베트남 남부의 휴양 도시 나트랑. 유난히 러시아인들의 사랑을 독차지하고 있는 이국적인 휴양 도시다. 빈펄 랜드라는 거대한 테마파크와 리조트를 시작으로, 이름만 들어도 알 만한 세계 유명 체인 호텔과 리조트들이 시내와 비치를 가득 메우고 있다. 또한 친절한 현지인들과 연중 따뜻한 날씨를 자랑하며 지금 이 순간에도 지속적으로 발전을 거듭하고 있는 베트남의 대표 휴양지 중 하나다. 이런 나트랑은 부산에서 태어나 바다를 사랑하는 나에게 분명 매력적인 도시다. 마치 고향에 돌아와 잠시 쉬다가 다시 일상으로 돌아가야 할 때쯤이면 깊은 아쉬움을 남기는 포근한 마음의 휴양지와 같다.
하노이와 호찌민, 다낭에 못지않은 나트랑의 매력을 여행자들에게 알리고 함께 나누기 위해 이 책을 쓰게 되었다. 나트랑을 여행하는 모든 이들에게 유익한 여행 길잡이가 되길 바라며, 저스트고 나트랑이 나오기까지 작가의 마음을 잘 이해하며 애써 주신 시공사 단행본사업본부 여행팀, 그리고 흔들림 없이 글을 쓸 수 있게 힘을 준 배우자와 가족에게 감사의 인사를 올린다.

글·사진 **김문환**

대형 여행사에서 4년간 베트남을 비롯한 인도차이나의 여행 상품을 기획하였으며, 현재는 여행 콘텐츠를 개발하며 여행 작가로 활동하고 있다. 여행은 마음먹었을 때 망설임 없이 떠나야 함과 동시에 목적이 있어야 한다는 뚜렷한 여행관을 가지고 있다. 항상 여행이란 무엇인지 고민하며 여행을 떠난다. 저서로는 『어반 플러스 다낭』, 『앙코르와트, 지금 이 순간』, 『삼거리에서 만나요』(공저)가 있다.
인스타그램 @jacksonmhk

저스트고 이렇게 보세요

이 책에 실린 모든 정보는 2019년 8월까지 수집한 정보를 기준으로 했으며, 이후 변동될 가능성이 있습니다. 특히 교통편의 운행 일정과 요금, 관광 명소와 상업 시설의 영업시간 및 입장료, 현지 물가 등은 수시로 변동될 수 있으므로 여행 계획을 세우기 위한 가이드로 활용하시고, 직접 이용할 교통편은 여행 전 홈페이지를 통해 검색하거나 현지에서 다시 확인하는 것이 좋습니다. 변경된 내용은 편집부로 연락 주시기 바랍니다.

편집부 travel@sigongsa.com

- 이 책에서 소개하고 있는 지명이나 상점 이름, 회화 등에 표시된 베트남어 발음은 국립국어원의 외래어표기법을 최대한 따랐습니다.
- 관광 명소, 식당, 상점의 휴무일은 정기 휴일을 기준으로 실었습니다. 설날 등 명절이나 국경일에는 문을 닫는 경우가 있으므로 확인하시기 바랍니다.
- 레스토랑과 카페 등을 소개한 페이지에 제시된 예산은 주요 메뉴의 가격을 기준으로 했습니다.
- 숙박 시설의 요금은 일반 객실 요금을 기준으로 실었습니다. 예약 시기와 숙박 상품 등에 따라 요금은 달라집니다.
- 베트남의 통화는 동(VND)입니다. 1만 동은 한화로 약 512원입니다(2019년 8월 기준). 환율이 수시로 변동되므로 여행 전 확인은 필수입니다.

지도 보는 법

각 명소와 상업 시설의 위치 정보는 '지도 p.15-L'와 같이 본문에 표시되어 있습니다. 이는 15쪽 지도의 L구역에 찾는 장소가 있다는 의미입니다.

지도에 삽입한 기호

관광 명소 •	버스 터미널 / 정류장 BUS
식당 R	공항 ✈
카페 C	학교
쇼핑 S	병원 ✚
나이트라이프(바) N	은행 $
스파 · 마사지 M	
숙소 H	

또한, 스마트폰으로 아래의 QR코드를 스캔하면 책에 소개한 장소들의 위치 정보를 담은 '구글 지도(Google Maps)'로 연결됩니다. 웹 페이지 또는 애플리케이션의 온라인 지도 서비스를 통해 편하게 위치 정보를 확인할 수 있습니다.

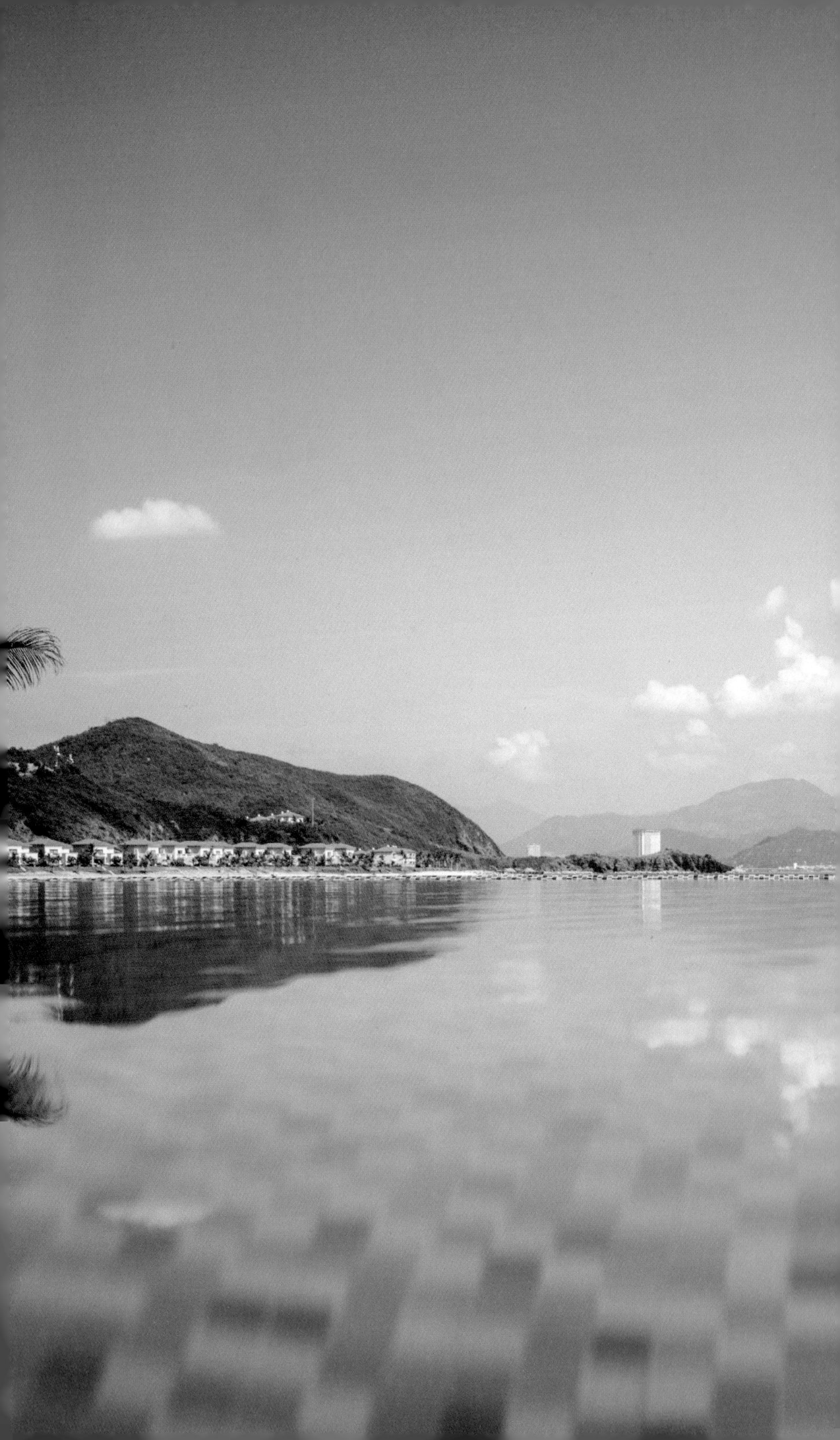

빈펄 디스커버리 2 나트랑 수영장

빈펄 디스커버리 1 나트랑

빈펄 리조트 & 스파 롱비치 나트랑

호텔에서 바라본 나트랑 비치

베트남 대표음식 '쌀국수'

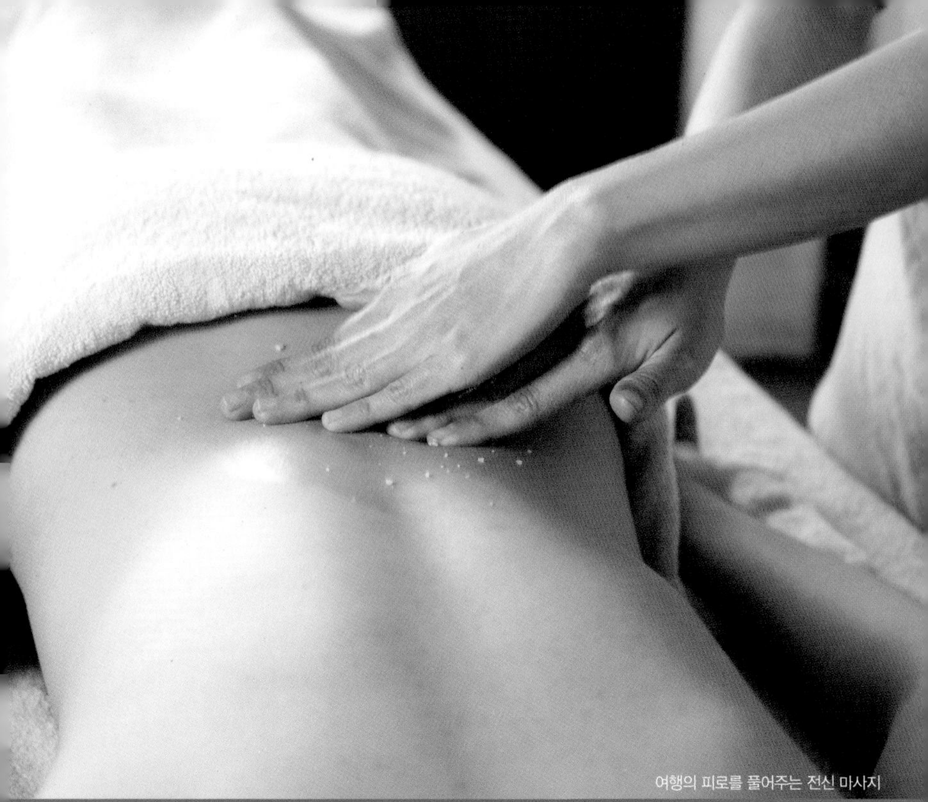
여행의 피로를 풀어주는 전신 마사지

리조트에서 즐기는 해양 액티비티

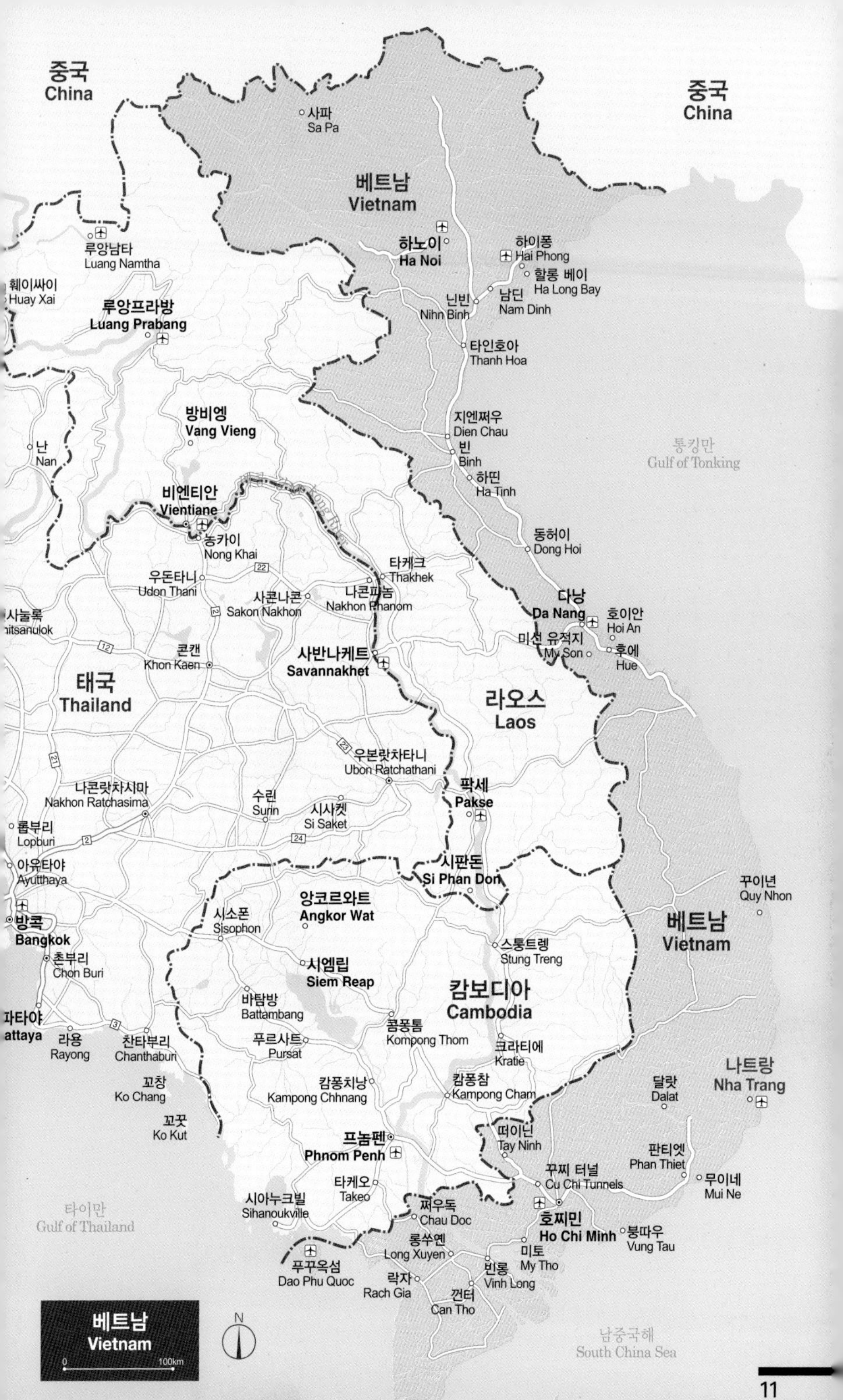

중국
China
중국
China
사파
Sa Pa
베트남
Vietnam
하노이
Ha Noi
하이퐁
Hai Phong
할롱 베이
Ha Long Bay
닌빈
Nihn Binh
남딘
Nam Dinh
타인호아
Thanh Hoa
지엔쩌우
Dien Chau
빈
Binh
하띤
Ha Tinh
동허이
Dong Hoi
통킹만
Gulf of Tonking
루앙남타
Luang Namtha
훼이싸이
Huay Xai
루앙프라방
Luang Prabang
방비엥
Vang Vieng
난
Nan
비엔티안
Vientiane
농카이
Nong Khai
우돈타니
Udon Thani
사콘나콘
Sakon Nakhon
타케크
Thakhek
나콘파놈
Nakhon Phanom
다낭
Da Nang
호이안
Hoi An
미선 유적지
My Son
후에
Hue
콘캔
Khon Kaen
사반나케트
Savannakhet
태국
Thailand
라오스
Laos
우본랏차타니
Ubon Ratchathani
나콘랏차시마
Nakhon Ratchasima
수린
Surin
시사켓
Si Saket
팍세
Pakse
롭부리
Lopburi
아유타야
Ayutthaya
시판돈
Si Phan Don
꾸이년
Quy Nhon
앙코르와트
Angkor Wat
시소폰
Sisophon
방콕
Bangkok
베트남
Vietnam
스퉁트렝
Stung Treng
촌부리
Chon Buri
시엠립
Siem Reap
캄보디아
Cambodia
바탐방
Battambang
콤퐁톰
Kompong Thom
파타야
Pattaya
라용
Rayong
찬타부리
Chanthaburi
푸르사트
Pursat
크라티에
Kratie
나트랑
Nha Trang
달랏
Dalat
꼬창
Ko Chang
캄퐁치낭
Kampong Chhnang
캄퐁참
Kampong Cham
꼬꿋
Ko Kut
떠이닌
Tay Ninh
프놈펜
Phnom Penh
판티엣
Phan Thiet
꾸찌 터널
Cu Chi Tunnels
무이네
Mui Ne
타케오
Takeo
시아누크빌
Sihanoukville
타이만
Gulf of Thailand
쩌우독
Chau Doc
호찌민
Ho Chi Minh
붕따우
Vung Tau
롱쑤옌
Long Xuyen
미토
My Tho
푸꾸옥섬
Dao Phu Quoc
락자
Rach Gia
빈롱
Vinh Long
껀터
Can Tho
남중국해
South China Sea
베트남
Vietnam
0
100km
N

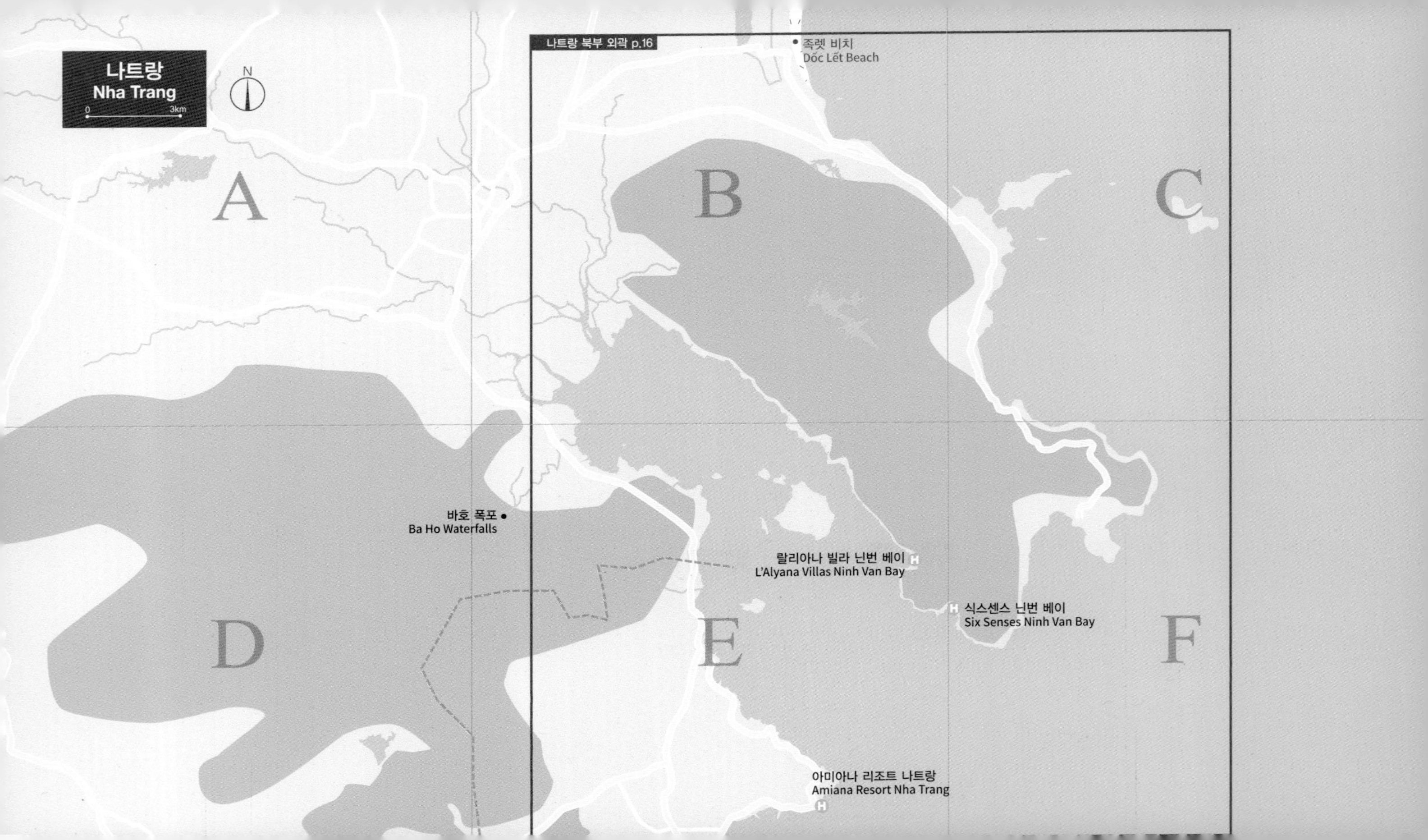

나트랑
Nha Trang
0
3km
N
A
B
C
D
E
F
나트랑 북부 외곽 p.16
족렛 비치
Dốc Lết Beach
바호 폭포
Ba Ho Waterfalls
랄리아나 빌라 닌번 베이
L'Alyana Villas Ninh Van Bay
식스센스 닌번 베이
Six Senses Ninh Van Bay
아미아나 리조트 나트랑
Amiana Resort Nha Trang

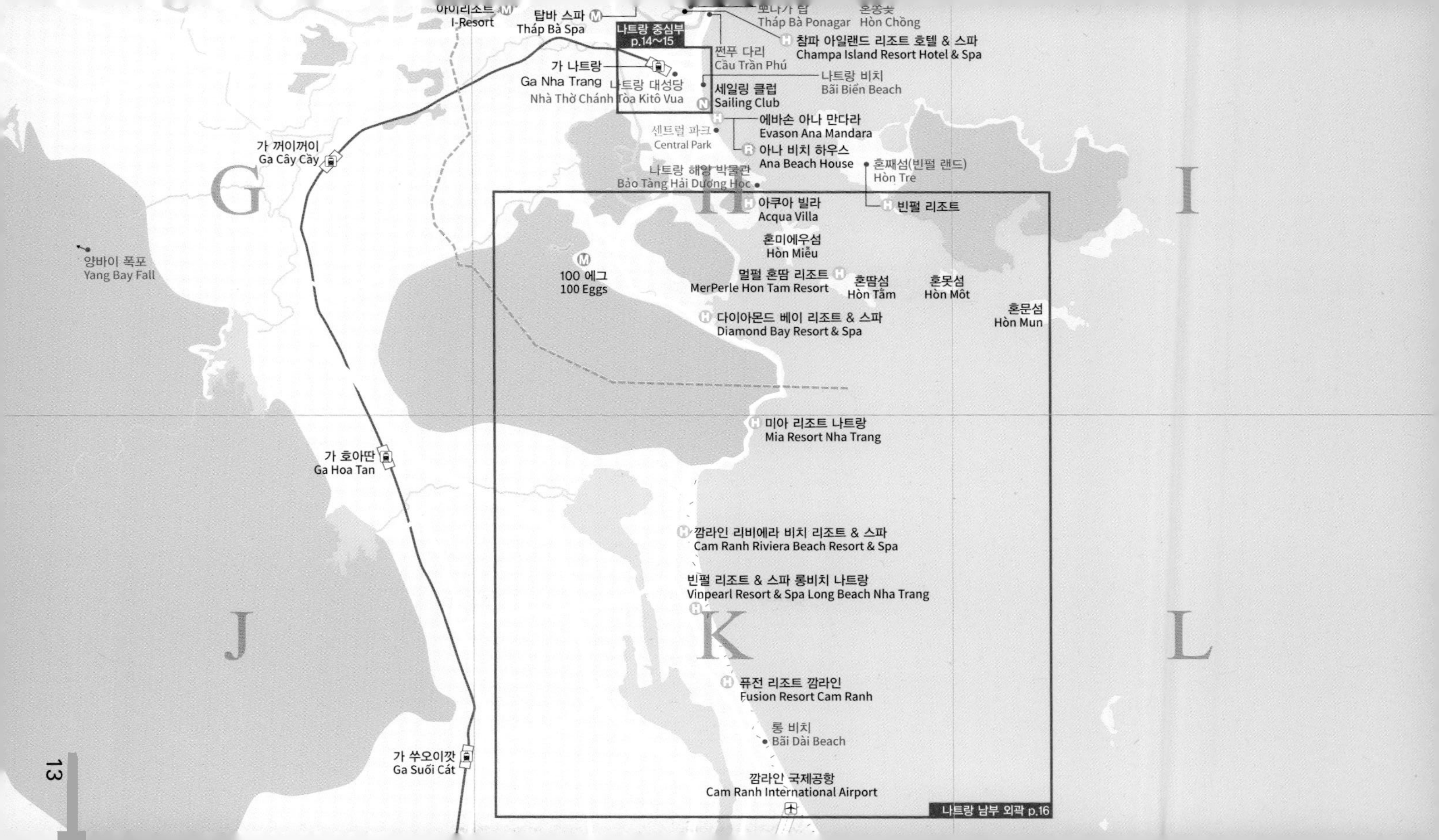

아이리조트
I-Resort
탑바 스파
Tháp Bà Spa
나트랑 중심부 p.14~15
Tháp Bà Ponagar
Hòn Chồng
참파 아일랜드 리조트 호텔 & 스파
Champa Island Resort Hotel & Spa
가 나트랑
Ga Nha Trang
나트랑 대성당
Nhà Thờ Chánh Tòa Kitô Vua
쩐푸 다리
Cầu Trần Phú
나트랑 비치
Bãi Biển Beach
세일링 클럽
Sailing Club
센트럴 파크
Central Park
에바손 아나 만다라
Evason Ana Mandara
아나 비치 하우스
Ana Beach House
혼째섬(빈펄 랜드)
Hòn Tre
나트랑 해양 박물관
Bảo Tàng Hải Dương Học
가 꺼이꺼이
Ga Cây Cầy
G
H
I
아쿠아 빌라
Acqua Villa
빈펄 리조트
혼미에우섬
Hòn Miễu
양바이 폭포
Yang Bay Fall
100 에그
100 Eggs
멀펄 혼땀 리조트
MerPerle Hon Tam Resort
혼땀섬
Hòn Tằm
혼못섬
Hòn Một
혼문섬
Hòn Mun
다이아몬드 베이 리조트 & 스파
Diamond Bay Resort & Spa
미아 리조트 나트랑
Mia Resort Nha Trang
가 호아딴
Ga Hoa Tan
깜라인 리비에라 비치 리조트 & 스파
Cam Ranh Riviera Beach Resort & Spa
빈펄 리조트 & 스파 롱비치 나트랑
Vinpearl Resort & Spa Long Beach Nha Trang
J
K
L
퓨전 리조트 깜라인
Fusion Resort Cam Ranh
롱 비치
Bãi Dài Beach
가 쑤오이깟
Ga Suối Cát
깜라인 국제공항
Cam Ranh International Airport
나트랑 남부 외곽 p.16

빅C 나트랑 방향
Bic C Nha Trang
롯데마트
Lotte Mart
롱선사
Chùa Long Sơn
23 Tháng 10
Trần Quý Cáp
Thống Nhất
Yersin
Thái Nguyên
기차역
Ga Nha Trang
A
B
Lạc Long Quân
약국
Lê Hồng Phong
Đồng Nai
Lạc Long Quân
꼽마트
Co.opmart
졸리비
Jollibee
Cầu Lùng - Cao Bá Quát
E
F
Cao Bá Quát
경기장
중학교
Trần Nhật Duật
Đồng Nai
Cửu Long
Phong Châu
Vân Đồn
I
J
Lê Hồng Phong
나트랑 중심부
0
150m
N

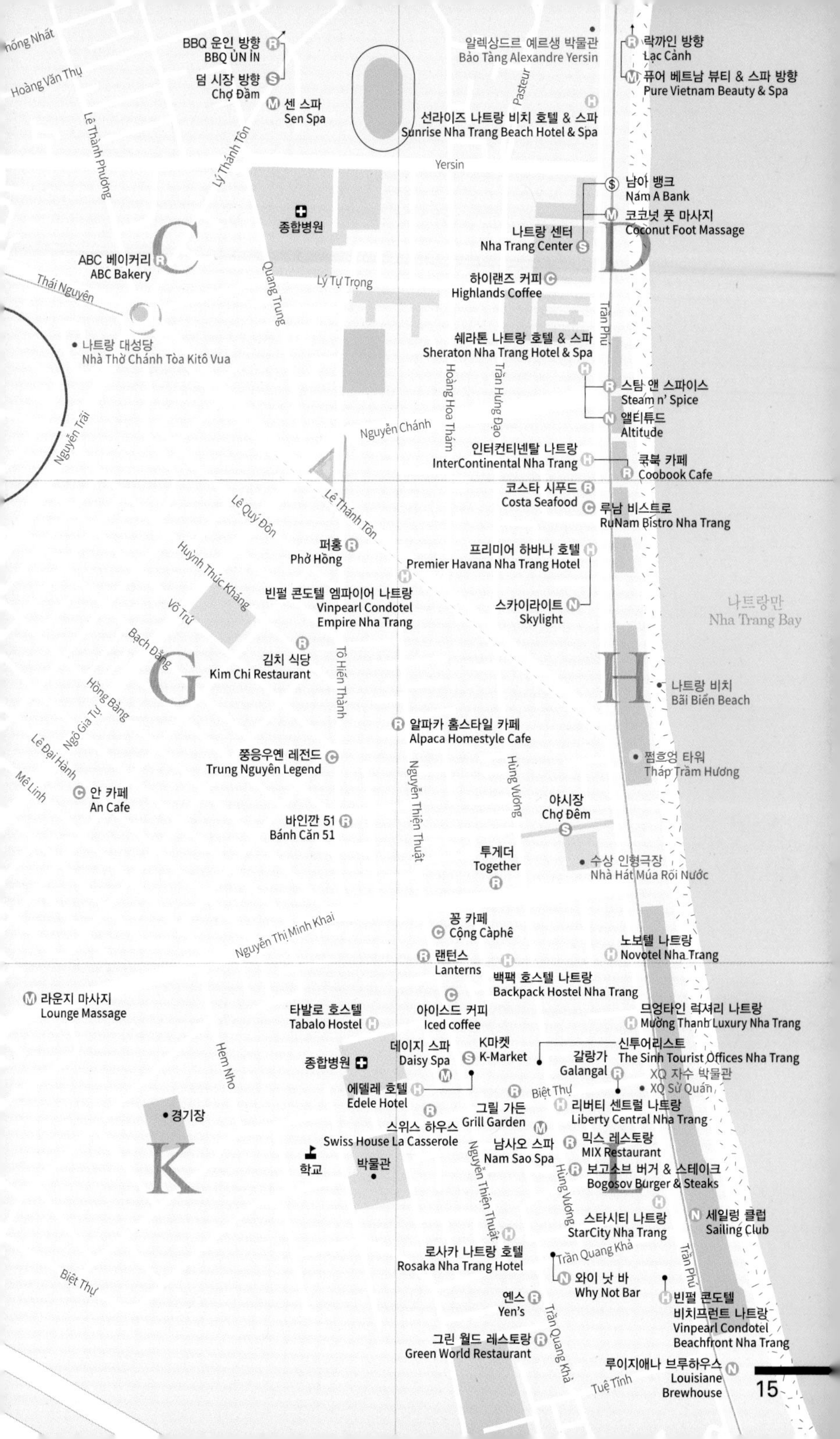

hống Nhất
Hoàng Văn Thụ
Lê Thành Phương
Lý Thánh Tôn
BBQ 운인 방향
BBQ ỦN ỈN
덤 시장 방향
Chợ Đầm
센 스파
Sen Spa
알렉상드르 예르생 박물관
Bảo Tàng Alexandre Yersin
Pasteur
선라이즈 나트랑 비치 호텔 & 스파
Sunrise Nha Trang Beach Hotel & Spa
락까인 방향
Lạc Cảnh
퓨어 베트남 뷰티 & 스파 방향
Pure Vietnam Beauty & Spa
Yersin
남아 뱅크
Nam A Bank
코코넛 풋 마사지
Coconut Foot Massage
종합병원
나트랑 센터
Nha Trang Center
C
D
ABC 베이커리
ABC Bakery
Thái Nguyên
Quang Trung
Lý Tự Trọng
하이랜즈 커피
Highlands Coffee
나트랑 대성당
Nhà Thờ Chánh Tòa Kitô Vua
쉐라톤 나트랑 호텔 & 스파
Sheraton Nha Trang Hotel & Spa
Trần Phú
Hoàng Hoa Thám
Trần Hưng Đạo
스팀 앤 스파이스
Steam n' Spice
앨티튜드
Altitude
Nguyễn Trãi
Nguyễn Chánh
인터컨티넨탈 나트랑
InterContinental Nha Trang
쿡북 카페
Coobook Cafe
코스타 시푸드
Costa Seafood
루남 비스트로
RuNam Bistro Nha Trang
Lê Quý Đôn
Lê Thánh Tôn
퍼홍
Phở Hồng
프리미어 하바나 호텔
Premier Havana Nha Trang Hotel
Huỳnh Thúc Kháng
빈펄 콘도텔 엠파이어 나트랑
Vinpearl Condotel
Empire Nha Trang
스카이라이트
Skylight
Võ Trứ
나트랑만
Nha Trang Bay
Bạch Đằng
김치 식당
Kim Chi Restaurant
Tô Hiến Thành
G
H
나트랑 비치
Bãi Biển Beach
Hồng Bàng
Ngô Gia Tự
알파카 홈스타일 카페
Alpaca Homestyle Cafe
Lê Đại Hành
쭝응우옌 레전드
Trung Nguyên Legend
Hùng Vương
Nguyễn Thiện Thuật
쩜흐엉 타워
Tháp Trầm Hương
Mê Linh
안 카페
An Cafe
바인깐 51
Bánh Căn 51
야시장
Chợ Đêm
투게더
Together
수상 인형극장
Nhà Hát Múa Rối Nước
Nguyễn Thị Minh Khai
꽁 카페
Cộng Càphê
랜턴스
Lanterns
노보텔 나트랑
Novotel Nha Trang
백팩 호스텔 나트랑
Backpack Hostel Nha Trang
라운지 마사지
Lounge Massage
타발로 호스텔
Tabalo Hostel
아이스드 커피
Iced coffee
므엉타인 럭셔리 나트랑
Mường Thanh Luxury Nha Trang
Hem Nho
데이지 스파
Daisy Spa
K마켓
K-Market
신투어리스트
The Sinh Tourist Offices Nha Trang
종합병원
갈랑가
Galangal
XQ 자수 박물관
XQ Sử Quán
에델레 호텔
Edele Hotel
Biệt Thự
그릴 가든
Grill Garden
리버티 센트럴 나트랑
Liberty Central Nha Trang
경기장
스위스 하우스
Swiss House La Casserole
남사오 스파
Nam Sao Spa
믹스 레스토랑
MIX Restaurant
K
학교
박물관
Nguyễn Thiện Thuật
Hùng Vương
보고소브 버거 & 스테이크
Bogosov Burger & Steaks
스타시티 나트랑
StarCity Nha Trang
세일링 클럽
Sailing Club
로사카 나트랑 호텔
Rosaka Nha Trang Hotel
Trần Quang Khả
Trần Phú
와이 낫 바
Why Not Bar
Biệt Thự
옌스
Yen's
빈펄 콘도텔
비치프런트 나트랑
Vinpearl Condotel
Beachfront Nha Trang
Trần Quang Khả
그린 월드 레스토랑
Green World Restaurant
루이지애나 브루하우스
Louisiane
Brewhouse
Tuệ Tĩnh

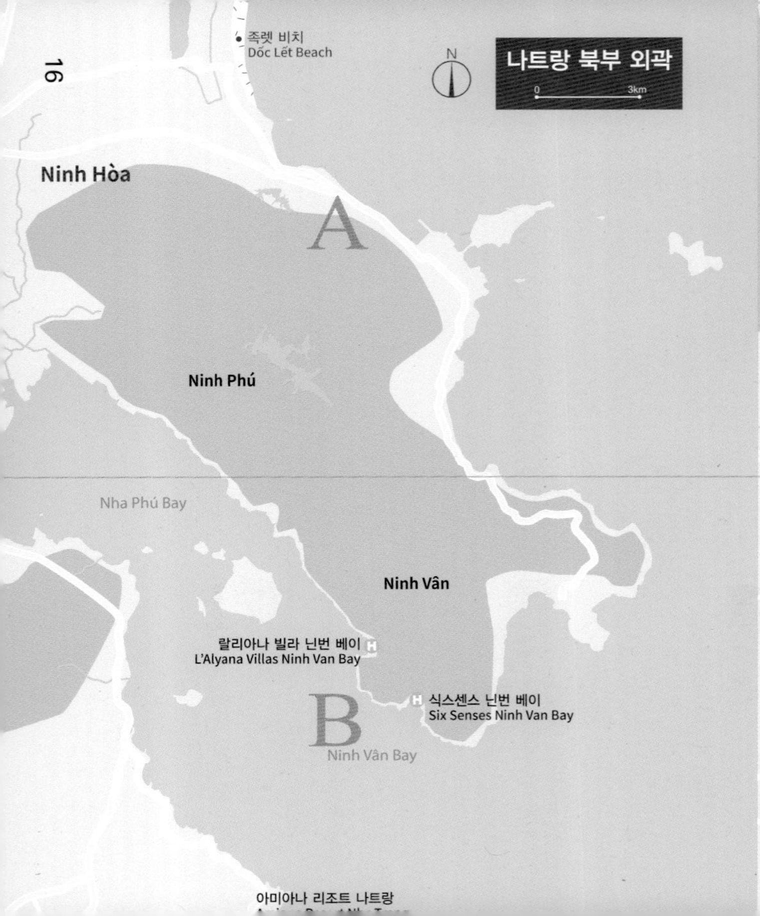
나트랑 북부 외곽
0
3km
N
족렛 비치
Dốc Lết Beach
Ninh Hòa
A
Ninh Phú
Nha Phú Bay
Ninh Vân
랄리아나 빌라 닌번 베이
L'Alyana Villas Ninh Van Bay
식스센스 닌번 베이
Six Senses Ninh Van Bay
B
Ninh Vân Bay
아미아나 리조트 나트랑

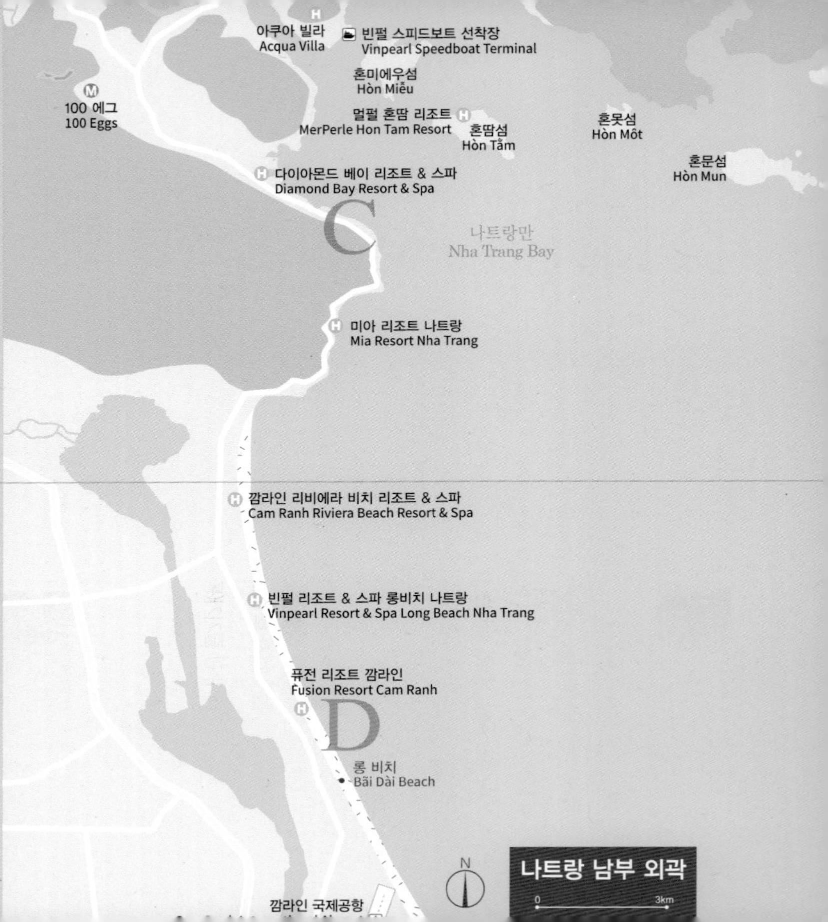
아쿠아 빌라
Acqua Villa
빈펄 스피드보트 선착장
Vinpearl Speedboat Terminal
혼미에우섬
Hòn Miễu
100 에그
100 Eggs
멀펄 혼땀 리조트
MerPerle Hon Tam Resort
혼땀섬
Hòn Tằm
혼못섬
Hòn Một
혼문섬
Hòn Mun
다이아몬드 베이 리조트 & 스파
Diamond Bay Resort & Spa
C
나트랑만
Nha Trang Bay
미아 리조트 나트랑
Mia Resort Nha Trang
깜라인 리비에라 비치 리조트 & 스파
Cam Ranh Riviera Beach Resort & Spa
빈펄 리조트 & 스파 롱비치 나트랑
Vinpearl Resort & Spa Long Beach Nha Trang
퓨전 리조트 깜라인
Fusion Resort Cam Ranh
D
롱 비치
Bãi Dài Beach
깜라인 국제공항
N
나트랑 남부 외곽
0
3km

나트랑 추천 여행 일정

BEST PLAN 1 나 홀로 나트랑 정복! 3박 4일 알찬 관광 코스

나트랑은 휴양지니까 혼자서는 심심하다? 천만의 말씀. 혼자라도 볼거리와 즐길 거리가 충분하다. 다만 기간이 길어지면 지루할 수도 있으니 3박 4일 일정이 적당하다. 하루는 뽀나가 탑과 나트랑 대성당을 비롯한 시내 관광을, 또 하루는 호핑 투어와 해양 스포츠를 즐겨 보자. 그래도 시간이 남는다면 아름다운 해변에서 일광욕을 마음껏 즐긴 후 일상으로 복귀하자.

여행 일차	여행 내용
1일 차	나트랑 도착 후 숙소에서 휴식(리조트보다는 시내 호텔 추천)
2일 차	시내 관광 즐기기(롱선사, 나트랑 대성당, 뽀나가 탑, 혼쫑곶 등)
3일 차	섬 일주 호핑 투어 및 다이빙 체험
4일 차	머드 온천 체험 후 나트랑 센터 및 야시장 쇼핑. 한국으로 출국

핵심 포인트

혼자라서 외로울 수 있지만 혼자이기 때문에 모든 일정에 선택의 자유가 있다. 시내 관광 명소들을 모두 돌아보려 할 경우 동선에 맞는 관광지들을 묶어 효율적인 이동 계획을 세우면 시간을 절약할 수 있다. 여행 스타일이 휴양보다 관광에 적합하다면 이동하기 편한 시내 호텔이나 여러 여행자들을 만날 수 있는 호스텔을 추천한다.

BEST PLAN 2

이것이 휴양이다!
4박 5일 커플 휴양 코스

사랑하는 연인과 함께하는 달콤한 휴양 일정. 모든 관광지를 소화하겠다는 목적보다는 연인이 함께 즐길 수 있는 관광지와 휴양을 중점에 둔 여유로운 일정이다. 나트랑의 랜드마크인 빈펄 랜드의 워터파크와 놀이동산에서 하루를 즐기고, 세일링 클럽이나 루이지애나에서 맥주 한잔과 함께 나이트라이프를 즐겨 보자. 하루는 나트랑 비치나 리조트에서 온종일 누워만 있어도 힐링이 되고 행복한 시간이 될 것이다.

여행 일차	여행 내용
1일 차	나트랑 도착 후 숙소에서 휴식(숙소는 리조트 추천)
2일 차	빈펄 랜드 투어(워터파크/놀이동산) 후 저녁에 나이트라이프 즐기기(세일링 클럽 등)
3일 차	섬 일주 호핑 투어 및 다이빙 체험
4일 차	나트랑 비치 또는 센트럴 파크에서 일광욕 후 리조트에서 휴식
5일 차	혼쫑곶 관광. 쇼핑(나트랑 센터 등) 후 커플 마사지. 한국으로 출국

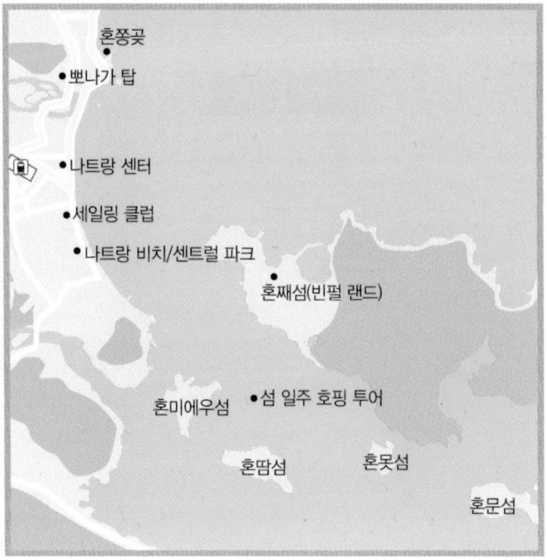

핵심 포인트

나 홀로 여행이 아니므로 무리한 일정은 금물이다. 섬 일주 호핑 투어와 마사지는 가급적 사전에 예약해 두는 것을 잊지 말자. 커플 여행인 만큼 리조트 선택에 신경 써서 로맨틱한 여행을 계획하는 것도 좋다. 늦은 시간까지 나트랑을 즐기고 싶다면 평일보다는 주말 저녁 시간을 활용하자. 주로 세일링 클럽이나 루이지애나 등으로 여행자들이 많이 몰리곤 한다.

BEST PLAN 3

아이와 함께하는 즐거운 여행
4박 5일 가족 여행 코스

하나도 둘도 아닌, 셋 이상의 가족 여행. 부모와 자녀들이 함께 즐길 만한 볼거리 위주의 관광 코스이다. 어린아이들을 동반한다면 하루를 몽땅 해결할 수 있는 놀이동산인 빈펄 랜드는 필수. 신나는 놀이 기구는 물론 워터파크와 아쿠아리움, 4D 영화관까지 다 돌아보려면 하루가 짧게 느껴질 것이다. 그 밖에 베트남 전통 수상 인형극 관람이나 머드 온천 체험도 아이들에게는 즐겁고 색다른 경험이 될 것이다.

여행 일차	여행 내용
1일 차	나트랑 도착 후 숙소에서 휴식(숙소는 리조트 추천)
2일 차	빈펄 랜드 투어(워터파크/놀이동산) 후 리조트에서 휴식
3일 차	양바이 폭포 투어 후 베트남 전통 수상 인형극 관람
4일 차	머드 온천 체험 후 예르생 박물관 또는 해양 박물관 관람
5일 차	오전 리조트 휴식. 쇼핑 후 한국으로 출국

핵심 포인트

가족 여행은 무엇보다 숙소 선택이 중요하다. 여행 경비의 1순위를 숙소에 맞추어 5성급 호텔 또는 리조트를 예약하자. 관광과 휴양을 함께 즐기려면 시내에서 가까운 숙소(아나 만다라, 인터컨티넨탈 등)를 추천한다. 리조트에서 푹 쉬는 일정을 원한다면 빈펄 리조트나 한적하면서 휴양에 최적화된 리조트(퓨전 리조트, 식스센스, 미아 리조트) 중에서 선택하면 된다.

BEST PLAN 4

호찌민+나트랑 5박 6일 핵심 여행 코스

우리나라에서 나트랑으로 가는 직항편이 제한적이므로 베트남 남부의 핵심 도시인 호찌민과 함께 연계하는 여행 일정 또한 매력적이다. 다소 관광 포인트가 부족한 나트랑의 단점을 호찌민 시내 관광이 충족시켜 주기 때문에 관광과 휴양이라는 두 마리 토끼를 모두 잡을 수 있다. 호찌민 여행은 p.138을 참고할 것.

여행 일차	여행 내용
1일 차	호찌민 도착 후 숙소에서 휴식
2일 차	호찌민 시내 관광(노트르담 성당 등) 후 쇼핑(벤타인 시장, 사이공 스퀘어 등)
3일 차	국내선 비행기를 타고 나트랑으로 이동. 오후 시내 관광 즐기기(2곳 정도)
4일 차	섬 일주 호핑 투어 및 다이빙 체험
5일 차	나트랑 비치 또는 센트럴 파크에서 일광욕 후 머드 온천 체험
6일 차	혼쫑곶 관광. 쇼핑(나트랑 센터 등) 후 마사지. 한국으로 출국

핵심 포인트

호찌민에서 주요 관광지를 둘러보고 나트랑에서 관광 및 휴양을 즐기는 알찬 6일 일정이다. 호찌민에서 나트랑으로 이동할 때는 국제공항 옆에 있는 국내선 공항을 이용해야 한다. 두 공항은 도보로 약 5~7분 거리에 위치하고 있다. 호찌민 국내선은 출발 게이트가 자주 바뀌는 편이므로 보딩 타임 전에 미리 도착하여 게이트를 확인하는 것이 좋다.

BEST PLAN 5

달랏+나트랑
5박 6일 달랏 연계 여행 코스

베트남에서 '미니 프랑스'로 불리며 현지인들에게 인기 높은 달랏(Đà Lạt)을 함께 돌아보는 일정. 나트랑에서 버스로 약 4시간이면 도착할 수 있다. 달랏까지 다녀오는 데 에너지 소모가 크므로 나트랑 일정은 상황에 따라 조절한다. 체력이 부족하다 느껴지면 호핑 투어보다는 해변에서 일광욕을 즐기거나 리조트에서 쉬면서 간단히 시내 관광을 하는 것이 좋다.

여행 일차	여행 내용
1일 차	나트랑 도착 후 숙소에서 휴식
2일 차	달랏까지 버스로 이동한 후(4시간) 랑비앙산 관광
3일 차	기차역, 크레이지 하우스 관광 후 나트랑으로 복귀
4일 차	나트랑 비치 또는 센트럴 파크에서 일광욕 후 머드 온천 체험
5일 차	섬 일주 호핑 투어 또는 시내 관광 즐기기
6일 차	혼쫑곶 관광. 쇼핑(나트랑 센터 등) 후 마사지. 한국으로 출국

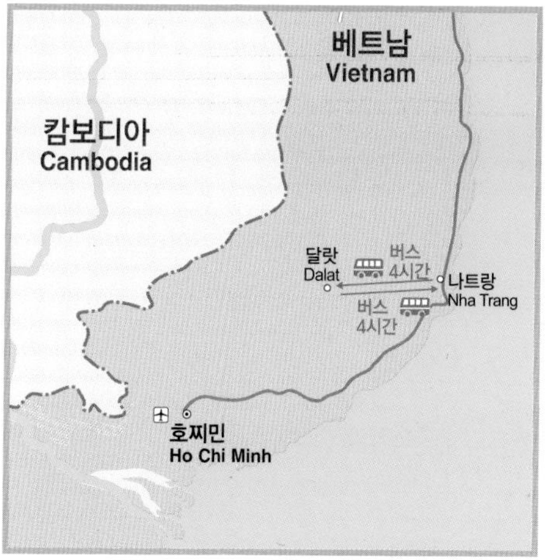

핵심 포인트

나트랑에서 달랏까지는 왕복 8시간으로 꽤나 긴 이동 시간이 소요된다. 나트랑 일정을 함께 소화해야 하기 때문에 달랏에서 보내는 시간은 길어도 1박 정도. 이동 시간은 비슷하지만 달랏에서의 투어 시간을 줄이면서 좀 더 안전하게 여행하고 싶다면 나트랑 한인 전문 여행업체인 '베나자(p.67 참고)' 등에서 사전에 달랏 투어를 예약하는 것도 좋은 방법이다.

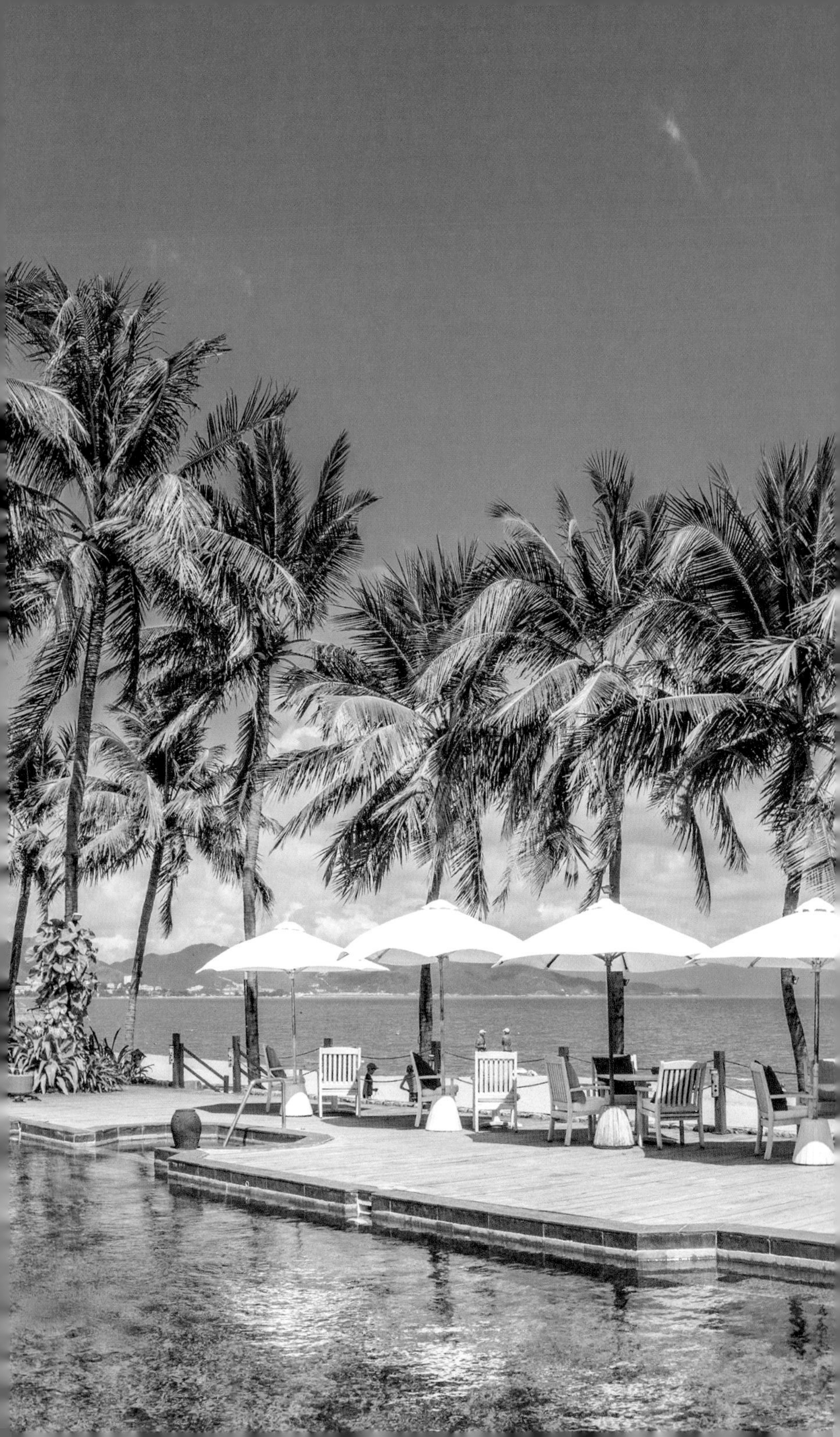

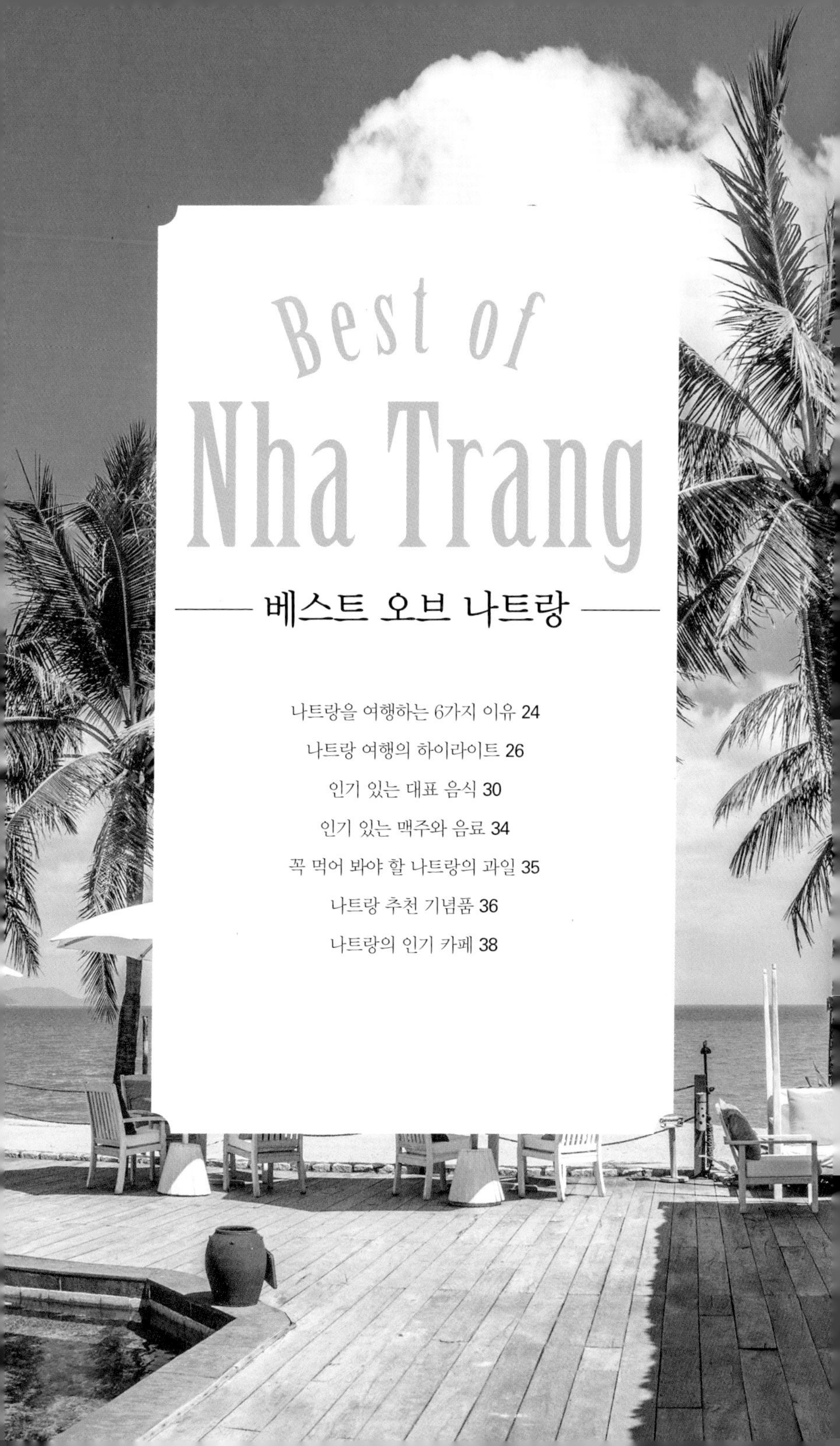

Best of Nha Trang

베스트 오브 나트랑

나트랑을 여행하는 6가지 이유 24

나트랑 여행의 하이라이트 26

인기 있는 대표 음식 30

인기 있는 맥주와 음료 34

꼭 먹어 봐야 할 나트랑의 과일 35

나트랑 추천 기념품 36

나트랑의 인기 카페 38

나트랑을 여행하는 6가지 이유

1 친절한 사람들

나트랑 사람들은 참 친절하다. 호텔에서나 식당에서나 항상 미소를 머금고 여행자들을 반갑게 맞이한다. 만약 길을 잃어 헤맬 때 지나가는 현지인에게 물어보면 망설임 없이 길을 알려 줄 것이다. 여행 중에 현지인을 만나게 되면 따뜻한 마음을 가진 이들에게 '씬짜오' 하며 반갑게 인사를 건네 보자.

2 연중 따뜻한 날씨

나트랑은 베트남에서 손에 꼽히는 맑은 날씨를 자랑한다. 1년에 300일 이상이 맑을 정도로 날씨의 기복이 적은 편이다. 우기 시즌이 단 두 달로 매우 짧은데다가 우기라도 강수량이 적어 맑은 날씨 속에서 휴양을 즐길 수 있다. 여행 시즌을 크게 고려할 필요가 없기에 나트랑은 일 년 내내 활기차다.

3 먹거리 천국

나트랑의 먹거리는 단순히 저렴한 게 아니다. 저렴하면서 맛있고, 맛있으면서도 현지식, 동서양 음식까지 종류 또한 셀 수 없을 정도로 많다. 해안 도시답게 나트랑의 시푸드는 세계에서 알아주므로 반드시 먹어 볼 것.

4 저렴한 물가

식당에서 음식을 먹거나 마트에서 쇼핑을 하다 보면 가끔은 너무나 저렴한 가격에 놀랄지도 모른다. 한국과는 비교할 수 없는 가격으로 먹음직스러운 음식들과 마사지, 해양 스포츠를 즐길 수 있다.

5 특별한 즐길 거리

휴양지라고 해서 리조트에서만 머무르기에 나트랑은 즐길 거리가 너무나 많다. 섬 전체가 테마파크인 거대한 빈펄 랜드와 함께 나트랑만의 자랑거리인 머드 온천 체험, 섬 일주 호핑 투어와 해양 스포츠, 그리고 아름다운 해변에서 펼쳐지는 공연과 파티……. 즐길 거리는 넘쳐 나므로 무엇을 해야 할지 고민할 필요가 전혀 없다.

6 교통이 편리한 도시

나트랑 시내와 해변의 거리가 도보로 이동할 정도로 가깝고, 대부분의 호텔과 리조트 또한 시내 근처에 자리 잡고 있어 일정을 소화하기에 편리하다. 또한 국내선 비행기를 통해 하노이, 호찌민, 다낭과 같은 베트남 주요 도시를 편하게 여행할 수 있다. 여유가 있다면 기차나 버스를 타고 이색적인 여행을 즐겨 보자.

나트랑 여행의 하이라이트

가족끼리 혹은 연인끼리, 아니면 혼자 와도 좋은 베트남의 인기 휴양지인 나트랑은 아름다운 해변을 한없이 걷고, 바다를 바라보며 휴양을 즐기기에 제격이다. 휴양에 지루해져 몸이 근질거릴 때쯤 피부에 좋은 머드 체험을 하거나 즐길 거리 천국인 빈펄 랜드에서 신나게 놀다 보면 어느새 하루가 저물어 갈 것이다. 뿐만 아니라 역사와 종교 관광 명소에 맛있는 현지 음식과 진한 베트남 커피까지, 나트랑은 다채로운 매력을 보유한 휴양 도시다.

▲ 나트랑 해변 취향에 맞는 해변을 찾아 휴양 즐기기 p.68, 79

◀ 빈펄 랜드 온종일 테마파크에서 신나게 놀기 p.62

◂ 머드 온천 체험

피부에 좋은 힐링 온천 체험하기 p.128, 129,130

▾ 뽀나가 탑

짬파 유적의 흔적 엿보기 p.69

▴ 롱선사

거대한 좌불상과 와불상 구경하기 p.71

▴ 나트랑 대성당

화려한 스테인드글라스 감상하기 p.70

▲혼쫑곶 거대한 바위에서 해안 전망 즐기기 p.72

▲섬 일주 호핑 투어

나트랑만의 특별한 호핑 투어 체험하기 p.66

▶카페 투어

베트남의 커피 향에 흠뻑 빠져 보기 p.38, 39

▸ 베트남 음식

저렴하고 맛있는 베트남 음식 맛보기 p.107 ~

▾ 화려한 호텔과 리조트

멋진 숙소에서 제대로 힐링하기 p.83 ~

◂ 신나는 나이트라이프

비치 클럽 또는 스카이 라운지에서 나이트라이프 즐기기 p.134 ~

인기 있는 대표 음식

베트남 음식은 쌀국수를 비롯해 우리나라에서 어렵지 않게 맛볼 수 있다. 하지만 본토에서 직접 먹는 맛은 분명 다를 수밖에 없다. 나트랑은 해안 도시답게 신선한 시푸드 요리가 풍부하고, 바인깐과 같은 지역 고유 음식은 물론 다른 지역의 쌀국수와 로컬 음식들까지 모두 맛볼 수 있는 먹거리 천국이다.

▸ 퍼 Phở

우리에게 친숙한 베트남의 대표적인 쌀국수. 어디서나 쉽게 접할 수 있는 서민 음식이다. 보통 소고기가 들어간 퍼보(Phở Bò), 닭고기가 들어간 퍼가(Phở Gà)로 나뉜다.

◂ 분짜까 Bún Chả Cá

해안 도시에서 즐겨 먹는 어묵 국수로 나트랑과 다낭이 유명하다. 고등어와 돛새치의 뼈로 우려낸 국물 맛이 담백하다. 어묵과 함께 먹는 국수의 식감이 좋으며, 베트남 빨간 고추를 넣어 먹으면 얼큰하여 더욱 맛이 좋다.

▸ 바인쌔오 Bánh Xèo

우리나라의 부침개와 흡사하여 누구나 만족하는 인기 음식. 쌀을 주재료로 사용하여 고기와 새우, 오징어, 숙주 등의 재료와 함께 구워서 만들어 낸다.

▸ 분보후에 Bún Bò Huế

후에 지방의 전통 음식인 분보후에는 매콤한 쌀국수이다. 육수는 소뼈를 오랫동안 끓인 후 레몬그라스를 넣어 만든다. 단맛, 신맛과 매콤함을 동시에 느낄 수 있는 독특한 맛을 자랑한다.

◂ 바인깐 Bánh Căn

베트남 중부의 판랑(Phan Rang)과 나트랑 인근 지역에서 먹던 전통 음식. 불린 쌀로 만든 반죽에 계란을 풀어 넣어 구워 낸다. 새우, 고기, 오징어 등 얹는 재료에 따라 바인깐의 종류가 달라진다.

▾ 시푸드 Seafood

나트랑은 베트남의 대표 해안 도시인 만큼 해산물의 질이 뛰어나다. 그중에서도 크랩과 랍스터, 새우, 오징어로 만든 시푸드 음식이 인기가 많다.

▾ 분팃느엉 Bún Thịt Nướng

중남부 지방의 음식으로, 구운 돼지고기를 얹어 내는 비빔쌀국수. '분'은 면, '팃'은 고기, '느엉'은 구이를 뜻한다. 스프링 롤과 각종 채소, 땅콩을 곁들여 느억짬 소스(고추, 마늘, 설탕 등을 넣은 소스)에 찍어 먹는다.

▸ **라우무옹싸오또이 Rau Muống Xào Tỏi**

공심채 혹은 모닝글로리라 불리는 채소로 만든 볶음 요리. 메인 음식과 함께 밑반찬으로 먹기에 가장 인기가 많은 음식이다. 볶은 마늘이 들어가기도 하며, 달짝지근하면서 고소한 맛이 특징이다.

▸ **바인배오 Bánh Bèo**

베트남 쌀떡으로 불리는 바인배오는 쌀가루 반죽을 동그랗게 만들어 찐 후에 새우 가루나 고기 등을 조금씩 얹어 놓은 음식이다. 주로 느억맘 소스(생선 액젓 소스)에 찍어 먹는다. 한입에 쏙 들어갈 정도로 크기가 작다.

◂ **고이꾸온 Gỏi Cuốn**

라이스페이퍼에 각종 채소와 고기, 새우 등을 넣은 다음 돌돌 말아서 먹는 음식으로 우리가 흔히 아는 월남쌈이 바로 고이꾸온이다. 베트남어로 샐러드말이를 뜻한다.

▸ 냄느엉 Nem Nướng

나트랑과 닌호아 지역에서 유명한 음식. 구운 돼지고기말이와 각종 채소, 식초에 절인 그린파파야를 라이스페이퍼에 넣어 소스에 찍어 먹는다.

▾ 바인미 Bánh Mì

베트남식 샌드위치. 바삭하고 기다란 바게트빵 안에 고기와 채소를 넣어 먹는, 베트남 사람들의 간식 중 하나다.

▸ 까리 Cà Ri

까리는 베트남식 카레를 말한다. 인도, 일본 카레와 달리 코코넛밀크가 들어가 담백하고 고소함을 더해 주는 것이 특징이다. 주로 닭과 새우가 들어간 까리의 만족도가 높다.

◂ 분짜 Bún Chả

베트남 북부 하노이 지역의 대표 음식. 느억맘과 라임으로 만든 새콤달콤한 육수에, 숯불에 구운 돼지고기를 면과 함께 찍어 먹는 음식이다. '분'은 쌀국수인 '퍼'보다 조금 굵고 동그란 면을 가리키며, '짜'는 숯불에 구운 돼지고기를 뜻한다.

인기 있는 맥주와 음료

베트남에서 생산되는 다양한 맥주를 마트나 슈퍼에서 쉽게 구할 수 있다. 아쉽게도 나트랑 지역만의 고유한 맥주는 없지만 수제 맥주 전문점 루이지애나(p.136 참고)에서 수준 높은 수제 맥주를 맛볼 수 있다. 맥주 이외에 베트남 하면 떠오르는 진한 커피와 사탕수수주스인 느억미어 또한 인기 있는 음료다.

비어 사이공 Bia Saigon

호찌민의 맥주. 베트남 어디에서나 볼 수 있을 정도로 가장 인기가 많다. 페일 라거로 피니시가 드라이하다. 종류는 그린, 레드, 스페셜의 3가지며 알코올 함량 4.9%.

라루 비어 Larue Beer

다낭 지역의 프랑스 스타일 맥주. 레드, 블루 컬러와 그린 컬러의 레몬 맥주가 있다. 탄산이 풍부하고 깔끔한 맛이다. 알코올 함량 4.2%, 레몬 2.6%.

333 비어 333 Export Beer

숫자 3은 베트남어로 '바'라고 하므로 바바바 맥주라고도 불린다. 거품이 적고 청량감이 좋다. 알코올 함량 5.3%.

조록 라거 비어 Zorok Lager Beer

빈즈엉 지역의 미국 스타일 맥주로 대체적으로 맛이 평범한 편이며, 칼로리가 낮기로 유명하다. 알코올 함량 5%.

수제 맥주 Craft Beer

루이지애나 수제 맥주는 나트랑의 자랑거리다. 필스너와 다크 라거, 밀 맥주인 윗비어, 윗비어에 패션프루트가 더해진 패션 비어까지 취향에 맞게 골라 마셔 보자.

커피 Coffee

베트남 하면 커피를 빼놓을 수 없다. 그중에서도 진하고 달콤 쌉싸래한 아이스커피인 까페스어다와 꽁 카페의 코코넛밀크 커피스무디가 유명하다.

느억미어 Nước Mía

'느억'은 물, '미어'는 사탕수수를 뜻하는 사탕수수주스다. 길거리에서 직접 기계로 즙을 짜서 판매하므로 쉽게 사 마실 수 있다.

생과일주스 Fruit Juice

열대 과일을 사 먹기 귀찮다면 간편하게 생과일주스를 마셔 보자. 시원한 주스 한 잔이면 더위에 지친 몸을 말끔히 씻어 줄 것이다.

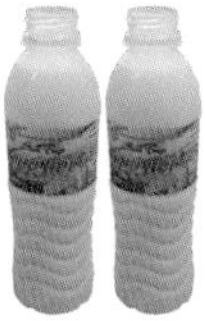

옥수수우유 Sữa Bắp

스어밥이라고 부르며 옥수수의 맛이 그대로 느껴지는 달콤한 우유. 현지 식당과 마트에서 쉽게 찾아볼 수 있다.

꼭 먹어 봐야 할 나트랑의 과일

베트남처럼 더운 열대 지방의 나라들을 여행하다 보면 우리나라에서는 볼 수 없는 신기한 과일들을 구경하는 재미가 있다. 나트랑에서는 우리에게 친숙한 과일부터 포멜로, 사포딜라와 같이 다른 나라에서도 쉽게 찾아보기 힘든 과일들을 접할 기회가 있으니 반드시 먹어 보도록 하자.

아보카도 🔊 버

원산지는 멕시코지만 베트남의 기후와 잘 맞아 맛이 뛰어나며 미네랄과 비타민이 풍부하다. 베트남 중남부에서 재배되며 나트랑의 아보카도 또한 으뜸으로 친다.

망고 🔊 쏘아이

가장 인기가 많은 열대 과일 중 하나. 베트남 망고는 맛이 좋기로 유명하며 2~5월이 제철이다. 색다른 경험을 해보고 싶다면 그린망고에 칠리 소금을 찍어 먹어 보자.

용과 🔊 타인롱

용과는 겉은 적색이지만 과육은 흰색과 분홍색, 적색으로 나뉜다. 보통 적색과 분홍색 과육의 용과가 더욱 맛이 뛰어나고 식이 섬유와 베타닌의 함유량도 높다.

사포딜라 🔊 사뽀쩨

한국인에게 친숙하지 않은 이색적인 과일. 부드럽고 달콤한 맛이지만 가끔 떫은맛이 느껴지기도 한다. 식이 섬유와 비타민 C, 폴리페놀인 탄닌의 함유량이 높다.

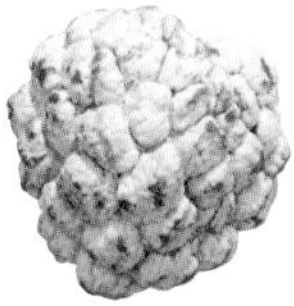

석가두 🔊 망꺼우

생김새가 석가모니의 머리와 닮았다 하여 석가두라는 이름이 붙여졌다. 영어로는 슈거애플 또는 커스터드애플이라 불린다. 당도가 매우 높기로 유명한 과일이다.

두리안 🔊 서우리엥

과일의 왕인 두리안은 달콤하지만 역겨운 냄새 때문에 호불호가 갈린다. 6~7월에 가장 수확량이 많고, 맛도 좋다. 호텔 반입이 안 되는 곳이 많으니 주의할 것.

포멜로 🔊 브어이

감귤류로 그레이프프루트와 비슷하다. 지름이 20cm 정도인 큰 과일에 속한다. 혈압을 낮추는 효능이 있고, 비타민 C의 함유량이 높다. 샐러드나 잼을 만드는 재료로 자주 쓰이기도 한다.

망고스틴 🔊 망꿋

과일의 여왕이란 별명이 있을 만큼 세계에서 가장 맛있는 과일 중 하나로 손꼽힌다. 맛뿐만 아니라 건강에도 좋아 슈퍼 푸드로 선정되었다. 대부분 메콩 델타 지역에서 생산되며 가격은 다소 비싼 편.

나트랑 추천 기념품

쇼핑은 여행의 즐거움 중 하나다. 나트랑에서는 마트와 시장에서 저렴한 가격으로 여행의 추억을 남기는 기념품들을 구입할 수 있다. 커피와 코코넛오일 등 주로 구입하게 되는 상품들은 대부분 부피가 작으니 부담 없이 캐리어에 담아 보자.

▸ 코코넛오일

피부 미용에 좋은 코코넛오일은 식용으로도 쓸 수 있어 인기가 많다. 다만 온도에 민감하기 때문에 겨울철에 한국으로 가지고 들어오면 하얀 결정으로 굳어 버린다. 주위 온도가 올라가거나 따뜻한 물에 담가 두면 곧바로 액체 상태로 돌아오니 걱정하지 않아도 된다.

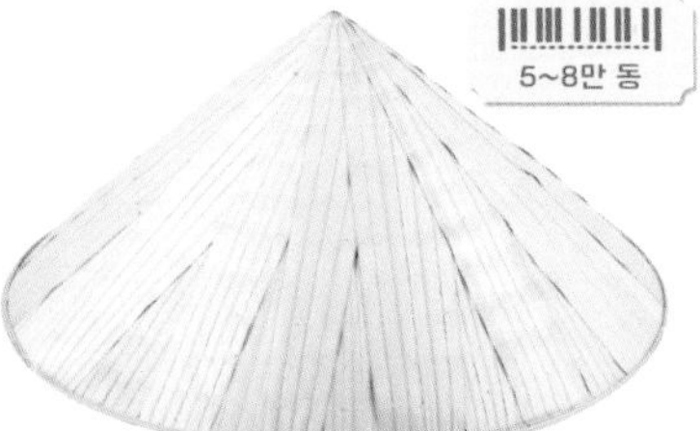

◂ 농

농 또는 농라라고 부르는, 야자나무 잎으로 만든 전통 모자. 베트남 하면 제일 먼저 떠오르는 이미지 중 하나로 여행을 기념하기에 좋다.

▴ 커피

베트남 여행 시 필수 구입 품목. 인스턴트커피로는 G7 커피 브랜드인 쫑응우옌 제품을 많이 찾는다. '3 in 1'로 표기된 커피는 설탕+프림+커피 제품, '2 in 1'은 설탕+커피 제품이다.

▴ 비나밋 제품

비나밋은 말린 과일 제조 브랜드로 다양한 과일 칩도 판매한다. 과일 제품은 망고, 과일 칩은 잭프루트가 인기가 많다.

▲ **쌀국수라면**

현지에서 먹는 쌀국수 맛까지는 아니지만 여행의 추억을 살리는 데 충분한 라면이다.

▲ **마그넷**

냉장고 자석이란 별칭을 가진 마그넷은 세계 모든 관광 도시에 있을 만큼 대중적인 기념품이다.

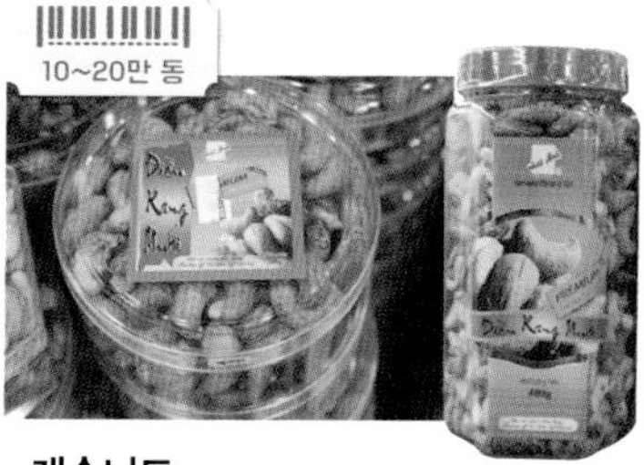

▲ **캐슈너트**

베트남은 캐슈너트 주 생산국으로 최상급의 신선한 캐슈너트를 판매하고 있다. 한국보다 가격이 저렴하고 맛이 좋아 선물용으로 인기 만점이다.

▲ **까페핀**

베트남 스타일의 커피 드리퍼. 커피에 관심이 많다면 원두와 함께 구입해서 직접 만들어 보자.

▲ **달랏 와인**

나트랑 근교 달랏(Da Lat)에서 생산한 와인. 저렴하지만 맛은 꽤 괜찮은 편. 현지 대형마트에서 쉽게 구입할 수 있다.

▲ **차**

베트남은 세계 주요 차 생산지로 유명하다. 나트랑 인근 도시인 달랏의 녹차를 비롯한 다양한 차를 볼 수 있다.

나트랑의 인기 카페

커피 생산량 세계 2위인 베트남은 커피에 대한 애정이 남다르다. 나트랑의 카페는 시원한 에어컨은 물론이고 무료 와이파이에 편안한 좌석까지, 우리나라 카페와 비교해도 전혀 손색이 없을 정도로 세련된 환경을 제공한다. 까페스어다와 여행자에게 인기 만점인 코코넛밀크 커피 등 베트남에서만 맛볼 수 있는 커피를 마시며 여행의 무더위를 모두 날려 보자.

꽁 카페
Cộng Càphê

베트남 주요 도시에서 여행자들에게 핫한 카페. 꽁 카페의 중심엔 바로 주력 메뉴인 코코넛밀크 커피가 있다. 이곳에서만 볼 수 있을 것 같은 레트로 스타일의 베트남풍 인테리어와 함께 이색적인 분위기도 인기 비결이다. p.120

쭝응우옌 레전드
Trung Nguyên Legend

베트남 No.1 브랜드 카페. 베트남 커피 최대 생산지인 닥락(Đăk Lăk) 지방의 부온마투옷에서 파생된 토종 커피 브랜드로 현지에서 매우 유명하다. 나트랑에는 쭝응우옌 레전드라는 이름으로 3층짜리 건물을 모두 카페로 사용하고 있다. 여행자보다 현지인들이 많이 찾는다.

p.121

아이스드 커피
Iced Coffee

현재 나트랑에만 3곳이 있는 나트랑 체인 카페. 그래서인지 더욱 기억에 남는 카페다. 쭝응우옌과 마찬가지로 닥락(Đăk Lăk) 지방에 커피 농장을 두고 있으며 우리나라 카페 분위기와 흡사하다. p.122

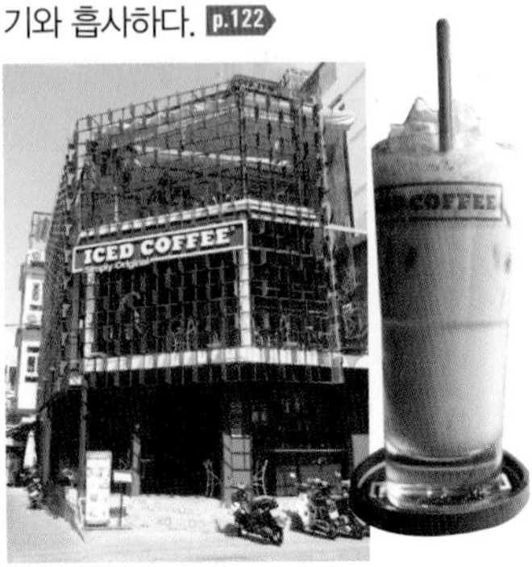

안 카페
An Cafe

현지인들의 아늑한 핫 플레이스. 외국인들보다는 현지인들이 주로 찾는 로컬 카페다. 여행 중 잠시 들러 숨을 고르기에 좋다. p.122

하이랜즈 커피
Highlands Coffee

베트남의 대중적인 프랜차이즈 카페. 커피와 음료, 디저트, 바인미 등을 판매하며, 우리나라 프랜차이즈 카페 분위기와 비슷해 친근하게 느껴진다. 주문 후 진동 벨을 통해 직접 커피를 가져오는 방식도 동일하다. p.123

루남 비스트로
RuNam Bistro Nha Trang

세련된 분위기의 고급 카페. 루남(Runam)이란 베트남 카페 브랜드에 속하는 루남 비스트로는 하노이와 다낭, 호찌민 등 베트남의 주요 도시에 위치한 카페 겸 레스토랑이다. 베트남의 느낌은 전혀 찾아볼 수 없을 정도로 이국적이며, 유럽풍의 앤티크한 인테리어가 특징이다. 커피와 디저트, 식사류 외에 원두와 까페핀 등의 기념품도 판매한다. p.123

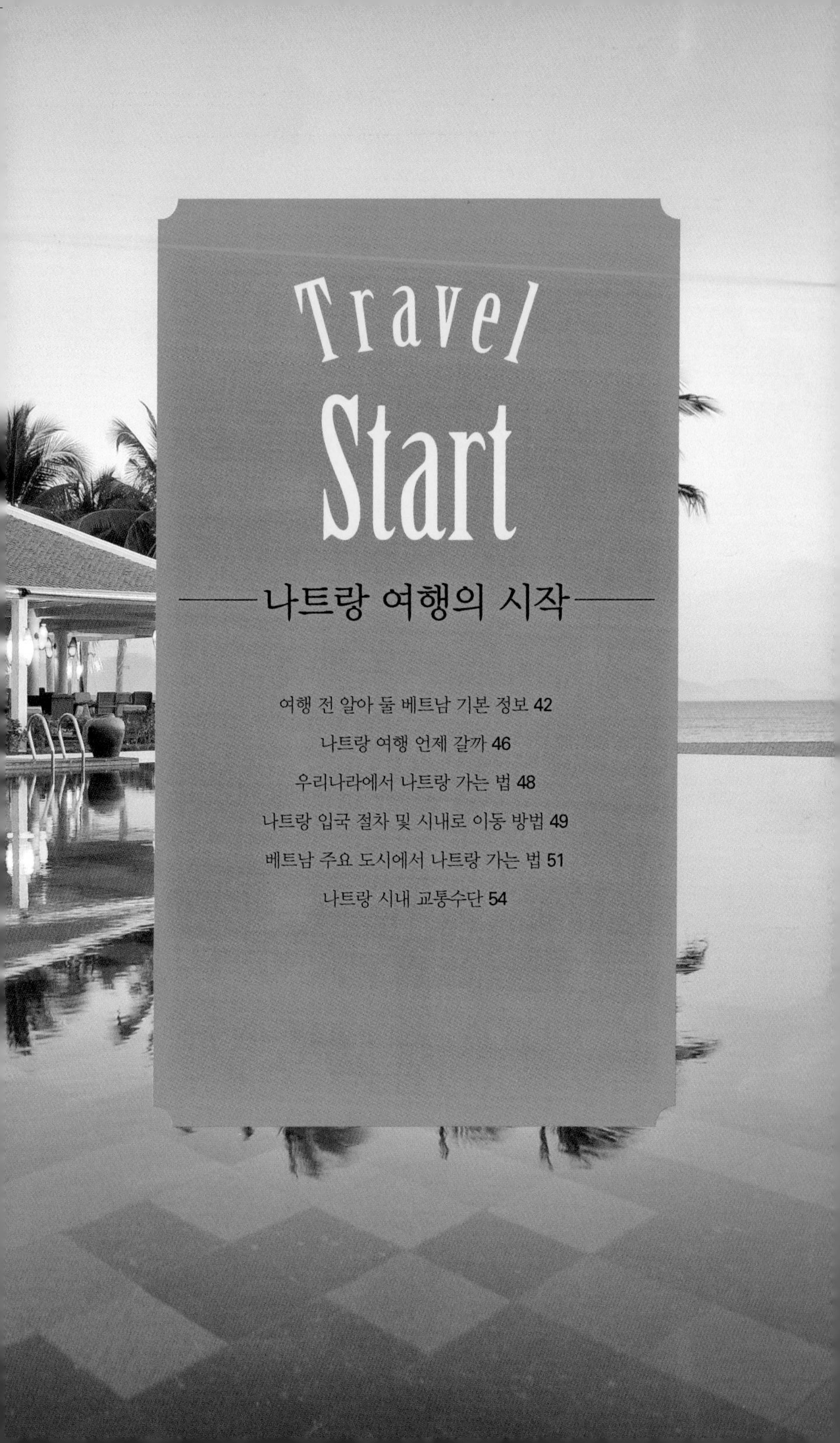

Travel Start

나트랑 여행의 시작

여행 전 알아 둘 베트남 기본 정보 42

나트랑 여행 언제 갈까 46

우리나라에서 나트랑 가는 법 48

나트랑 입국 절차 및 시내로 이동 방법 49

베트남 주요 도시에서 나트랑 가는 법 51

나트랑 시내 교통수단 54

여행 전 알아 둘 베트남 기본 정보

여행을 떠나기 전에 가고자 하는 나라에 대한 정보를 알아 두면 여러모로 유익하다. 베트남의 정치, 경제, 언어 및 나트랑 여행에 필요한 비자, 유심 카드까지 한 번에 알아보자.

국명
베트남 사회주의 공화국
(Socialist Republic of Vietnam)

수도
하노이(Hà Nội)

면적
면적은 331,210㎢로 세계 66위, 한반도의 1.5배

인구
약 97,429,000명, 세계 15위(2019년 기준)

종교
불교(43.5%), 가톨릭교(36.3%), 기독교(4.7%), 호아하오교(9.2%), 까오다이교(5.2%)

지리
동남아시아 인도차이나반도의 동쪽에 자리 잡은 국가로 위로는 중국과 접해 있고, 바로 옆에 캄보디아와 라오스가 있다. 그 옆으로 태국, 미얀마가 연결되어 있다.

국기

금성홍기(金星紅旗)라고 부르는 베트남 국기는 빨간색 바탕에 노란 별이 하나 그려져 있다. 국기의 의미를 살펴보면, 통일 전에는 바탕인 빨간색은 독립운동을 위해 흘린 피, 그리고 별의 노란색은 베트남인이 황인종임을 나타내며, 마지막으로 별의 오각형은 각각 사농공상병(士農工商兵)의 다섯 인민을 의미하였다. 그러나 통일 후 빨간색은 프롤레타리아 혁명을 의미하고, 노란 별은 공산당의 리더십을 상징한다.

민족
총 54개의 민족 중 베트남족인 비엣(Việt)족이 약 89%로 국민의 대부분을 차지하고 있다. 나머지는 따이족, 바나족, 자라이족 등 53개의 소수 민족이 베트남 각지에 흩어져 있다.

정치

베트남은 사회주의 공화제로 국가를 대표하는 국가주석과 총리, 당 서기장을 중심으로 하는 집단 지도 체제를 채택하고 있다. 현재 국가주석은 2018년 10월에 선출된 응웬푸쫑(Nguyễn Phú Trọng)으로 국가주석의 임기는 5년이다.

경제

2018년 베트남의 GDP는 2,407억US$로 세계 명목 GDP 순위는 47위다. 주요 산업은 서비스업과 제조업, 건설업이며 낮은 인건비와 청년 노동력이 뒷받침하여 꾸준한 경제 성장을 이루고 있다.

언어

6개의 성조가 있는 베트남어를 공용으로 사용한다. 북부와 중부, 남부 지역에 따라 방언이 존재한다. 관광 업종에 종사하는 현지인이 아닌 경우 영어 소통이 쉽지 않다.

통화

베트남의 화폐 단위는 동(VND)이다. 화폐 종류로는 500동, 1,000동, 2,000동, 5,000동, 1만 동, 2만 동, 5만 동, 10만 동, 20만 동, 50만 동이 있다. 우리나라 은행에는 베트남 화폐의 공급이 적을 뿐더러 환전 시 수수료가 현지에서보다 많이 든다. 따라서 달러로 먼저 환전한 후 현지에서 재환전하는 걸 추천한다. 나트랑은 공항 및 쇼핑센터, 호텔 등 환전할 곳이 많으므로 걱정하지 않아도 된다. 우리나라 환율과 비교하는 방법은 동에서 20을 나누면 대략 맞게 떨어진다.

1US$=약 2만 3,346동
1,000원=약 1만 9,685동
(2019년 8월 기준)

비자

관광을 목적으로 베트남에 입국할 경우 무비자로 15일간 체류가 가능하다(입국일 기준 15일). 만약 15일 이상 체류하거나 무비자로 베트남을 여행한 후 한 달 이내에 다시 베트남에 입국한다면 반드시 비자를 발급받아야 한다.

시차

우리나라보다 2시간이 늦다. 우리나라 기준 오전 10시는 나트랑 시간으로 오전 8시다.

한국에서 나트랑까지 비행시간

직항편 이용 시 약 5시간 소요된다.

기후

나트랑은 크게 1~9월의 건기와 10~12월의 우기로 구분된다. 우기를 앞두고 9월부터 비가 조금씩 내리기 시작하며, 해마다 우기가 앞뒤로 한 달씩 달라지기도 한다. 다만 우리나라처럼 지속적으로 비가 내리지는 않고, 스콜성 기후를 나타내기 때문에 여행에 큰 지장은 없다. 이런 이유로 나트랑은 300일 이상 맑은 날씨를 자랑한다.

영업 시간

은행

여러 은행이 있지만 나트랑 센터 1층에 있는 남아 뱅크(Nam A Bank)가 가장 좋은 위치에 있다. 오전 8시에 오픈하여 오후 5시 30분까지 운영한다. 일요일은 휴무.

쇼핑센터

나트랑 센터와 롯데마트 등 대부분의 쇼핑센터는 오전 8시쯤 오픈하여 밤 10시 무렵 문을 닫는다. 한국 편의점인 K마켓은 밤 11시까지 운영하니 늦은 시간에는 K마켓을 이용하자.

레스토랑 & 카페

이른 시간에 조식을 판매하는 레스토랑이나 현지 식당, 카페는 오전 8시에도 문을 열지만 대부분은 오전 10시 넘어 문을 열고, 밤 10~11시에 닫는다. 하바나 호텔의 스카이라

이트 클럽은 자정까지, 세일링 클럽은 자정 넘어서까지 운영한다.

전압과 플러그

우리나라와 동일하게 220V를 사용하므로 별도의 멀티탭을 준비할 필요는 없다.

현금 지급기

나트랑 센터를 비롯한 쇼핑센터, 호텔, 시내 길거리에서 ATM 기기를 쉽게 찾을 수 있다. 24시간 이용 가능한 기기도 있으며, MASTER, MAESTRO, VISA, CIRRUS 등 대부분의 카드를 쓸 수 있다.

생수

수돗물은 물갈이를 일으킬 위험이 있으므로 물은 반드시 마트에서 판매하는 생수를 사 먹도록 하자. 작은 사이즈는 4,000동 정도로 저렴한 편이다.

화장실

쇼핑센터를 비롯한 카페, 레스토랑 등의 화장실은 무료로 이용할 수 있다. 다만 공원과 같은 공용 시설의 화장실 등은 다른 베트남 도시들과 마찬가지로 1,000~2,000동 정도의 비용을 받기도 한다.

인터넷

여행자들이 자주 찾는 카페와 레스토랑, 호텔 등에서 무료 와이파이를 사용할 수 있다. 또 심카드를 구입하면 장소에 구애받지 않고 자유롭게 인터넷을 쓸 수 있다.

심카드

베트남의 통신사인 비나폰(Vinaphone), 비에텔(Viettel), 모비폰(Mobifone) 중 어느 곳에서나 유심 카드를 구입할 수 있으며 가격에는 큰 차이가 없다. 현지에서는 비에텔이 46%의 시장 점유율을 차지하고 있다. 통신사 모두 4G 서비스를 제공하며, 데이터 용량 제한과 무제한 요금제, 통화 시간에 따른 요금제 등 다양한 종류의 요금제가 있다. 평균 10~20만 동으로 5~7일 정도 쓸 만한 요금제를 신청할 수 있다. 심카드를 구입한 후 교체한 기존 유심 카드는 다시 사용해야 하므로 잘 보관해 두도록 하자.

국제전화 거는 법

한국에서 나트랑으로, 혹은 나트랑에서 한국으로 전화하는 법은 생각보다 간단하다. 휴대전화를 로밍하거나 유심 카드를 끼우면 준비는 끝! 여행 중에 한국으로 전화를 걸 경우 먼저 국제전화 식별 번호를 누른 후 한국 국가 번호 82를 누르고 지역 번호 또는 휴대전화 번호의 앞자리 0을 제외한 나머지 번호를 그대로 입력하면 된다.

● 나트랑에서 한국으로 걸 때

예) 010-123-4567 번호에 전화 걸기(001 사용 시)

001	국제전화 식별 번호
⬇	
82	국가 번호
⬇	
10	010에서 맨 앞의 0을 제외한 번호
⬇	
123-4567	나머지 휴대전화 번호

● 한국에서 나트랑으로 걸 때

예) 010-123-4567 번호에 전화 걸기(001 사용 시)

001	국제전화 식별 번호
⬇	
84	국가 번호
⬇	
10	010에서 맨 앞의 0을 제외한 번호
⬇	
123-4567	나머지 휴대전화 번호

나트랑 여행 언제 갈까

365일 중 300일이 맑을 만큼 날씨가 좋기로 유명한 나트랑! 크게 건기(1~9월)와 우기(10~12월)로 나뉘며, 우기라 할지라도 산발적으로 비가 내리는 정도여서 여행을 하기에 문제는 없다. 이처럼 연중 따뜻한 나트랑의 날씨는 최고의 휴양 조건을 자랑한다.

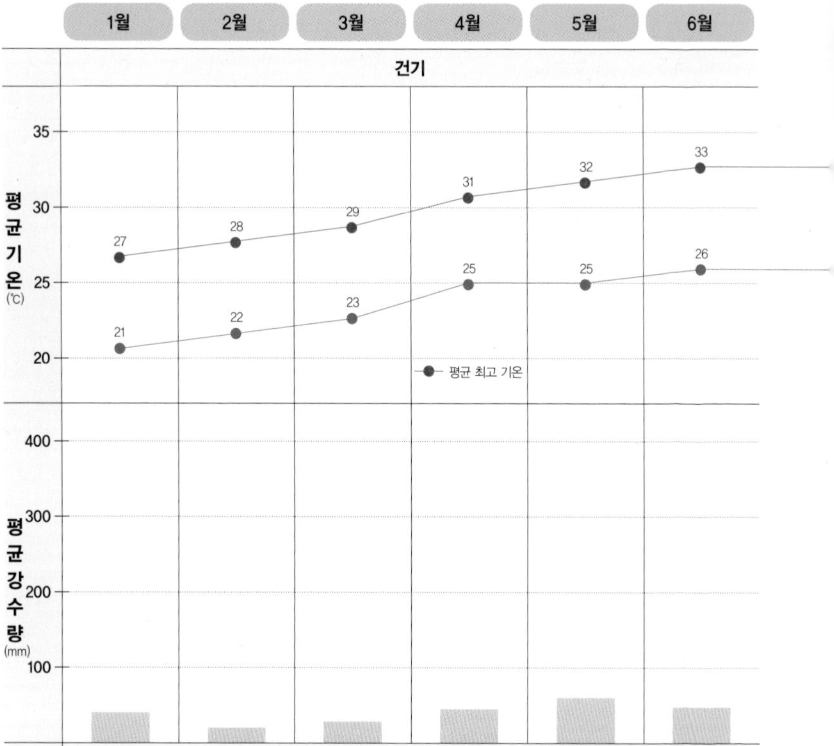

특징

1~2월 우기가 지나갔지만 아침저녁으로는 서늘하기 때문에 여분의 옷을 챙기는 것이 좋다.

3~5월 기온이 점차 올라가면서 화창한 날씨와 따뜻한 온도가 유지되어 연중 가장 여행하기 좋은 시즌이다.

6~8월 연중 가장 기온이 높은 시즌으로 35도 가까이 온도가 올라가지만 습하지는 않다. 그중 7~8월은 여름 휴가철로 인해 한국에서 출발하는 운항편이 가장 많은 성수기다.

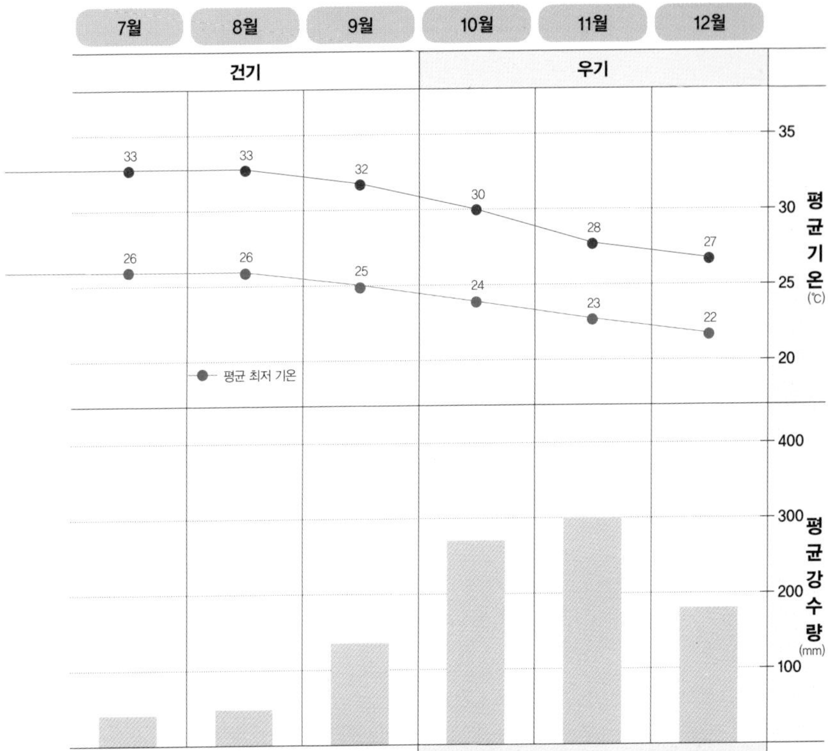

9월 우기를 앞두고 저녁이면 서늘해지기 시작하며, 때로는 이른 우기가 시작되기도 한다. 한낮에는 무덥지만 스콜성 비가 지나가면 더위를 식혀 주기 때문에 여행하기에는 좋은 날씨다.

10~12월 우기가 시작되어 1년 중 11월에 강수량이 가장 많다. 하지만 나트랑을 포함한 베트남 남부는 한국의 장마처럼 며칠 동안 비가 줄곧 내리진 않고, 하루에 두 차례 정도 비가 내리므로 맑을 때는 수영도 가능하다. 겨울철에는 다소 쌀쌀한 중부의 다낭에 비해 남부에 속한 나트랑은 따뜻한 편이다.

우리나라에서 나트랑 가는 법

인천에서 나트랑까지 직항편 비행기를 타면 5시간 10분 정도 소요된다. 나트랑까지의 직항편은 대한항공 외에 제주항공과 베트남항공, 비엣젯항공, 이스타항공, 티웨이항공이 운항하고 있다. 여름 휴가철에는 특별 전세기로 직항편 공급석이 늘어나고 있는 추세라 나트랑으로 가는 길이 더욱 편해질 전망이다.

인천국제공항에서 나트랑 가기

대한항공, 제주항공, 베트남항공, 비엣젯항공, 이스타항공 등이 인천국제공항에서 나트랑까지 직항편을 운항 중이다. 여름 성수기 시즌에는 특별 전세기로 직항편 공급석을 늘려서 운항하기도 한다.

국제선 주요 항공사

대한항공 kr.koreanair.com
제주항공 www.jejuair.net
베트남항공 www.vietnamairlines.com
비엣젯항공 www.vietjetair.com
이스타항공 www.eastarjet.com

김해국제공항 · 대국국제공항에서 나트랑 가기

김해국제공항에서는 비엣젯항공이, 대구국제공항에서는 티웨이항공이 나트랑까지 직항편을 주4회씩 운항하고 있다. 이외에는 경유편을 이용해야 하는데, 호찌민과 하노이를 경유하는 베트남 항공은 경유 대기 시간을 포함해서 짧게는 9시간, 길게는 17시간 이상 소요되므로, 경유편 보다는 인천으로 이동하여 직항편을 이용하는 것이 효율적이다.

주요 항공사 운항 정보

항공사	구간	항공편명	출발일	출발 시간	도착 시간
대한항공	인천(ICN)–나트랑(CXR)	KE467	매일	20:30	23:45
		KE5679	매일	06:15	09:25
제주항공		7C4903	매일	21:50	01:35
이스타항공		ZE561	매일	21:35	00:35
티웨이항공		TW157	매일	23:25	02:00
비엣젯항공		VJ839	매일	01:50	05:25
		VJ837	매일	06:15	09:25
베트남항공		VN441	매일	06:15	09:25
		VN3409	수 · 목 · 토 · 일	20:30	23:45
비엣젯항공	부산(PUS)–나트랑(CXR)	VJ991	월 · 수	07:35	10:15
			토 · 일	08:05	10:45
티웨이항공	대구(TAE)–나트랑(CXR)	TW159	월 · 금	22:00	00:15
			수 · 토	22:30	00:15

※운항 정보는 항공사 사정 및 시기에 따라 변경될 수 있다.

나트랑 입국 절차 및 시내로 이동 방법

베트남은 15일 이내에서라면 무비자 체류가 가능하고 입국 서류도 따로 없기 때문에 공항에 도착하여 벗어나기까지 크게 어려운 점이 없다. 간단한 입국 과정을 통과한 후 즐거운 나트랑 여행을 만끽하자.

깜라인 국제공항

우리나라에서 나트랑으로 가는 비행편이 도착하게 되는 곳은 나트랑에서 남쪽으로 30km 정도 떨어진 곳에 위치한 깜라인 국제공항(Cam Ranh International Airport)이다. 깜라인 국제공항은 1960년대 베트남 전쟁 당시 항공기지로 설립되어 이후 공군 비행장으로 이용되었으며 2004년 민간 공항으로 공식 개항했다. 나트랑에 있던 나트랑 공항(Nha Trang Airport)이 운항을 중지하면서 모든 노선을 이전받았고, 2007년 국제공항으로 승격되었다. 국내선과 국제선 터미널 2개 동이 있으며 국제선은 우리나라, 중국, 러시아 직항 노선이 있고, 국내선은 하노이와 호찌민, 다낭 노선을 운항한다. 취항 항공사로는 베트남항공, 비엣젯항공, 중국남방항공, 대한항공 등이 있다.

나트랑 입국 절차

Step 1. 공항 도착

깜라인 국제공항에 도착 후 비행기에서 내려 입국장으로 이동한다. 도착 비자를 발급받아야 한다면 먼저 입국 심사층에 있는 비자 신청 사무실을 방문한다.

Step 2. 입국 심사

입국 심사대에서 줄을 서서 기다리다가 자기 차례가 오면 여권을 제시하고 입국 심사를 받는다. 출입국 카드를 비롯한 입국 서류가 없기 때문에 여권만 제시하면 된다. 참고로 여권은 입국일 기준으로 유효 기간이 6개월 이상 남아 있어야 한다. 또한 만 14세 미만의 자녀가 부모 중 아빠가 아닌 엄마와 둘이서 입국할 때는 가족 증빙 서류로 영문 주민등록등본을 지참해야 한다. 엄마와 동반 자녀의 성이 다르기 때문에 검사하는 경우가 간혹 있다.

Step 3. 수하물 찾기

입국 심사가 끝나면 수하물을 찾을 차례이다. 공항이 매우 작기 때문에 수하물 찾는 곳을 바로 발견할 수 있다. 전광판을 통해 자신이 타고 온 항공편명을 확인한 후 짐이 나올 때까지 기다리자.

Step 4. 세관 신고

짐을 찾은 후 따로 세관에 신고할 물품이 없다면 곧바로 문밖으로 나가면 된다. 만약 미화 5,000US$ 혹은 300g 이상의 보석을 소지하였다면 세관에 반드시 신고해야 한다.

공항에서 나트랑 시내로 가기

깜라인 공항에서 나트랑 시내까지는 보통 택시나 버스로 이동하며 호텔이나 여행사의 픽업 서비스를 이용할 수도 있다. 비행기 도착 시간이나 동반자의 수, 예산 등을 체크한 후 알맞은 이동 수단을 선택한다.

택시

마이린 택시

도로 건너편에 서 있는 택시를 이용할 경우 시내까지 약 40분 소요되기 때문에 택시로는 60만 동 이상의 요금이 나온다. 하지만 대부분 정찰제라 30~35만 동 선에서 택시기사와 협의한 후 이용하게 된다. 그 이상의 금액을 요구하면 바가지일 가능성이 크다. 택시 브랜드는 하얀색의 비나선과 녹색의 마이린 택시를 추천한다.

버스

공항을 나와 횡단보도를 건너면 양쪽에 시내로 가는 버스 회사들이 마주 보고 있으므로 이를 이용한다. 시내까지는 약 45분 소요. 거리에 따라 요금이 달라지는데 여행자들은 대부분 시내에서 하차하므로 30km 이상 기준 요금인 5만 동을 지불하면 된다. 택시에 비해 훨씬 저렴하지만 어느 정도 좌석이 채워져야 출발하기 때문에 시간 여유가 있다면 버스를, 없다면 택시를 이용하자.

TIP 비자 발급 방법

베트남은 15일 무비자 체류가 가능하지만 비자를 발급받아야 하는 경우가 있다. 바로 15일 이상 체류를 원하거나 최근 30일 이내에 베트남 여행을 한 적이 있는 경우다. 이럴 때는 주한 베트남 대사관을 통해 사전에 비자를 발급받거나 비자 대행업체를 통해 입국 허가서를 받은 후 나트랑 공항에서 비자를 받는 도착 비자를 신청해야 한다.

● 도착 비자

깜라인 국제공항에 도착해서 비자를 받는 방법으로 출국 전에 미리 입국 허가서를 발급받아야 한다. 입국 허가서는 주로 비자 대행업체를 통해 받을 수 있다. 접수 후 2~4일 정도 소요되며 비용은 관광 비자 기준으로 30일 단수는 약 3만 원, 복수는 약 6만 원 정도이다. 출국 전에 입국 허가서를 받아 두고 깜라인 국제공항에 도착하면 입국 심사층에서 도착 비자를 발급받게 된다. 준비물은 입국 허가서와 여권 사본, 여권 사진 2장 그리고 공항에 지불하는 발급 비용(30일 단수 기준 25US$)이다.

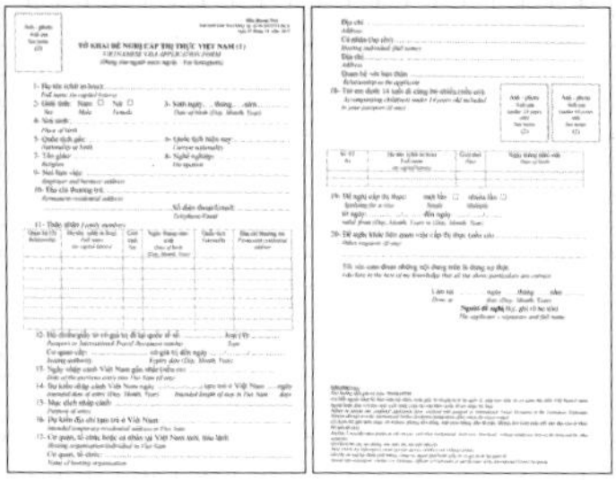

● 대사관에서 비자 받기

서울 종로구에 위치한 주한 베트남 대사관에 직접 방문하여 발급받는 방법이다. 비자 접수 시간은 09:00~12:00이며 비자 신청을 위한 준비물은 여권 사진, 여권, e티켓, 호텔 바우처, 간략한 여행 일정표, 비자 신청서 등이다. 호텔 바우처는 필수 사항은 아니며, 비자 신청서는 대사관에서 작성하면 된다. 비자 신청 후 발급까지 1주일 정도 소요된다. 대사관에서 수령 일자를 알려 주면 해당 날짜에 대사관으로 와서 받으면 된다. 비용은 30일 관광 단수 비자 기준으로 약 7만 원이다.

주한 베트남 대사관
주소 서울특별시 종로구 삼청동 28-37
전화 02-734-7948

베트남 주요 도시에서 나트랑 가는 법

우리나라에서 항공편을 이용해 직접 나트랑으로 갈 수도 있지만 베트남의 다른 도시를 여행하다가 나트랑으로 가는 여행자들도 많다. 하노이, 호찌민, 다낭 등 주요 도시에서 기차와 비행기, 버스를 이용해 나트랑까지 갈 수 있으므로 개인 상황에 맞게 교통수단을 선택하자.

호찌민에서 가기

나트랑과 마찬가지로 베트남 남부에 위치하므로 호찌민에서 관광을 하고 나트랑으로 휴양하러 가는 여행자가 많다. 다른 도시에 비해 이동 시간이 오래 걸리지 않는다.

비행기

호찌민에서 비행기로 1시간이면 나트랑에 도착한다. 만약 우리나라에서 호찌민을 경유해 나트랑으로 갈 경우 호찌민 공항에서 입국 심사를 마친 후 공항 밖으로 나와서 바로 옆에 위치한 국내 공항으로 이동한 후 국내선 비행기를 타야 한다. 출발 게이트가 자주 바뀌는 편이므로 주의하도록 하자.

나트랑에서 1시간 거리에 있는 호찌민 공항

버스

호찌민에서 나트랑으로 가는 버스는 10시간이 넘게 걸리지만 슬리핑 버스가 있어서 편안하게 갈 수 있다. 만약 나트랑 외에 다른 지역을 같이 여행할 예정이라면 여러 도시에서 버스를 자유롭게 타고 내릴 수 있는 오픈 버스 티켓을 구입하도록 하자.

기차

나트랑까지 7~9시간 소요되며 하루 8~10편 운행한다. 소요 시간이 가장 적게 걸리는 밤 10시 기차의 침대칸을 추천한다.

호찌민에서 나트랑으로 운행하는 기차

항공사 운항 정보

항공사	출발일	소요 시간	요금
베트남항공	매일 운항	1시간 10분	116만 동~
비엣젯항공	매일 운항	1시간	35만 동~

버스 운행 정보

이동 경로	출발 시간	소요 시간	요금
호찌민-나트랑	07:00	11시간 30분	18만 9,000동
	08:00	10시간	19만 9,000동

기차 운행 정보

기차 편명	출발 시간	도착 시간	소요 시간
SE8	06:00	13:19	7시간 19분
SE2	19:30	03:13	7시간 43분
SE6	09:00	16:21	7시간 21분
SE26	19:55	03:54	7시간 59분
SE22	11:55	20:03	8시간 8분
SE4	22:00	04:52	6시간 52분
TN2	14:40	22:47	8시간 7분
SNT2	20:30	05:27	8시간 57분
SNT4	22:25	06:50	8시간 25분
SQN2	21:30	06:15	8시간 45분

하노이에서 가기

베트남 수도인 하노이는 북부에 위치하여 남부에 속하는 나트랑과는 거리가 제법 멀다. 베트남 배낭여행으로 다른 지역까지 천천히 둘러볼 생각이 아니라면 기차와 버스보다는 비행기를 추천한다.

비행기

하노이에서 나트랑으로 가는 방법 중 시간을 아낄 수 있어 가장 추천하는 교통편이다. 약 2시간이면 거뜬히 나트랑에 도착하게 된다. 다만 다른 지역에 비해 거리가 먼 만큼 비용도 비교적 비싼 편이다.

깜라인 국내 공항

버스

나트랑으로 바로 가는 버스는 없으며 오픈 버스 티켓을 구입해 여러 도시를 경유하여 나트랑으로 갈 수 있다. 대표적인 신투어리스트의 오픈 버스 티켓은 하노이, 호찌민, 후에에서만 구입이 가능하다.

기차

하루 4~6편을 운행하는데 가장 빨리 도착해도 24시간이 걸린다. 장시간 배낭여행자가 아니라면 비행기를 추천한다.

나트랑 기차역

항공사 운항 정보

항공사	출발일	소요 시간	요금
베트남항공	매일 운항	1시간 50분	186만 8,000동~
비엣젯항공	매일 운항	1시간 50분	90만 동~

버스 운행 정보

이동 경로	요금
하노이-후에-호이안-나트랑-호찌민	77만 6,000동
하노이-후에-호이안-나트랑-무이네-호찌민	86만 5,000동
하노이-후에-호이안-나트랑-달랏-호찌민	93만 5,000동

기차 운행 정보

기차 편명	출발 시간	도착 시간	소요 시간
SE7	06:00	08:28	26시간 28분
SE5	09:00	10:49	25시간 49분
SE9	14:35	18:34	27시간 59분
SE1	19:30	21:15	25시간 45분
SE3	22:00	22:04	24시간 4분
TN1	14:35	18:34	27시간 59분

다낭에서 가기

나트랑과 같은 휴양지이자 호이안, 후에와 가까워 관광 도시로도 유명한 다낭에서 나트랑까지는 비행기로 1시간 정도면 도착할 수 있고, 버스는 12~13시간, 기차는 9~11시간 소요된다.

비행기

호찌민과 마찬가지로 1시간이면 나트랑에 도착한다. 다만 호찌민보다 요금이 비싸며, 베트남항공보다 저렴한 비엣젯항공은 나트랑 운항편이 없다.

버스

신투어리스트의 경우 다낭에서 나트랑으로 가는 직행버스는 없으며 호이안을 거쳐서 가야 한다. 호이안 여행 중에 바로 나트랑으로 가는 것도 하나의 방법이다. 프엉짱(Phương Trang) 버스는 직행편이 있다.

기차

하루 6~8편 운행한다. 나트랑까지 평균 9시간 30분가량 소요되므로 버스보다는 조금 빠른 편이다.

항공사 운항 정보

항공사	출발일	소요 시간	요금
베트남항공	매일 운항	1시간 10분	134만 동~

버스 운행 정보

이동 경로	출발 시간	소요 시간	요금
다낭-호이안	10:30	1시간 30분	9만 9,000동
	15:30	1시간 30분	9만 9,000동
호이안-나트랑	18:15	12시간 45분	34만 9,000동

기차 운행 정보

기차 편명	출발 시간	도착 시간	소요 시간
SE5	01:43	10:49	9시간 6분
SE1	11:41	21:15	9시간 34분
SE9	08:04	18:34	10시간 30분
SE3	13:15	22:04	8시간 49분
SE7	22:47	08:28	9시간 41분
SE21	09:55	20:44	10시간 49분
TN1	08:04	18:34	10시간 30분
NH1	19:49	06:18	10시간 29분

달랏의 랑비앙산

달랏에서 가기

달랏에는 공항이 있지만 나트랑 운항편이 없으므로 유일한 대중 교통수단인 버스를 이용해야 한다. 나트랑까지 4시간 소요된다.

버스 운행 정보

이동 경로	출발 시간	소요 시간	요금
달랏-나트랑	07:30	4시간	9만 9,000동
	13:00	4시간	9만 9,000동

달랏 버스

● 버스 정보는 여행자들이 가장 많이 이용하는 신투어리스트 기준이며, 스케줄 및 요금은 상황에 따라 변경될 수 있다. 신투어리스트 외에 프엉짱 버스, 한카페(Hanh Cafe) 버스도 많이 이용한다.
신투어리스트 www.thesinhtourist.vn
프엉짱 버스 futabus.vn
한카페 hanhcafe.vn

● 기차 좌석은 크게 Hard Seat, Soft Seat, Hard Berth(6), Soft Berth(4)로 나뉘며, 종류에 따라 가격이 달라진다. Berth는 침대칸이며 6인실과 4인실로 구분된다. 주로 늦은 저녁 시간에 편안하게 이동하기 위해 여행자들이 이용한다.
베트남 기차 홈페이지 dsvn.vn

나트랑 신투어리스트

나트랑 시내 교통수단

택시

여행자에게 가장 안전하고 편리한 대중교통 수단이다. 어디서나 쉽게 택시를 잡을 수 있고, 주위에 택시가 없다면 식당이나 호텔에 요청하여 이용할 수 있다. 불법으로 운행하는 택시도 있으므로 가급적 베트남에서 유명한 녹색 마이린 택시와 하얀색의 비나선 택시를 이용하도록 한다. 요금은 4인승인지 7인승인지에 따라 기본요금이 다른데 보통 8,000~1만 동 사이며 미터기에 '8,000' 또는 '8.0'으로 표기된다. 베트남 택시기사는 주소만 알아도 길을 잘 찾아가므로 목적지를 모를 때는 주소를 알려주자.

마이린 택시(위)와 비나선 택시(아래)

버스

나트랑은 순환 버스가 잘되어 있다. 총 6개의 노선이 있으며 저녁 6~7시까지 운행한다. 요금은 현지인과 여행자 모두 7,000동으로 매우 저렴하다. 여행자들은 보통 4번 버스를 많이 이용하는데 빈펄 랜드 터미널에서 탑승하면 나트랑 시내까지, 시내의 갈랑가 식당 맞은편 버스 정류장에서 탑승하면 나트랑 대성당과 뽀나가 탑으로 갈 수 있다.

4번 시내버스

주요 관광지로 가는 버스 정보

버스 정류장(탑승 위치)	버스 번호	목적지
시내(갈랑가 식당 맞은편)	2번	롱선사
		롯데마트
	4번	나트랑 대성당
		덤 시장
		뽀나가 탑
뽀나가 탑	6번	롱선사

오토바이

시내 곳곳에서 오토바이 렌털 숍을 볼 수 있다. 오토바이는 원래 법적으로 국제면허증이

아닌, 베트남 현지 면허증이 있어야만 이용할 수 있다. 하지만 현지인도 면허증이 없는 경우가 많고, 렌털 숍 역시 여행자들에게 쉽게 대여를 해주는 편이다. 문제는 베트남의 도로 상황이 초보자에게 매우 위험하다는 것. 사고가 나거나 무면허 적발 시, 많은 벌금은 물론이고 난처한 상황을 마주하게 될지도 모른다.

쌔옴

쌔옴은 오토바이 택시다. 원하는 위치를 설명하고 그에 따라 가격을 흥정하는데 보통 km당 6,000동 정도 든다. 장거리보다는 단거리를 추천하며 다소 위험할 수도 있으니 가급적 택시를 이용하자.

씨클로

여행자들이 한 번쯤 타고 싶어 하는 세발자전거 모양의 인력거로, 주요 관광지에서 쉽게 볼 수 있다. 직접 페달을 밟아서 움직이는 수동 방식이지만 최근에는 페달을 밟지 않아도 움직이는 자동 씨클로가 등장했다. 현지 시세라면 km당 1만 동도 되지 않지만 여행자들을 상대로 터무니없는 가격을 제시하는 경우가 많기 때문에 항상 사기에 주의해야 한다.

자전거

시내에서 일반 자전거 대여소를 찾기는 어렵고, 호텔과 리조트에서 대여해 주는 곳이 많

다. 시내의 큰 도로를 제외하고 골목들을 한 바퀴 누비거나 쩐푸 다리 방면으로 신나게 페달을 밟아 보는 건 어떨까?

호텔 셔틀버스

시내와 거리가 있는 호텔과 리조트에서는 무료 셔틀버스를 운영하는 곳이 대부분이니 직원에게 문의해 보자. 시내는 주로 나트랑 센터에서 픽업이 이루어지며 공항 픽업 서비스는 무료보다는 유료 서비스가 많다.

그랩

바가지 택시기사나 호객꾼들을 피하고 싶다면 승차공유플랫폼인 그랩(Grab)을 추천한다. 우리나라의 카카오톡 택시 서비스와 유사하며 합리적인 가격에 공유택시를 이용할 수 있다. 어플은 한국에서 미리 설치하고, 현지에서 실행 후 공유택시를 호출하자.

Travel Point

나트랑 여행 포인트

나트랑 추천 코스 58

볼거리 즐길 거리 천국, 빈펄 랜드 62

신난다! 나트랑 호핑 투어 66

나트랑 관광 68

원데이 투어로 떠나는 달랏 여행 80

나트랑 호텔 & 리조트 83

나트랑 맛집 107

나트랑 쇼핑 124

나트랑 스파 & 마사지 128

나트랑 나이트라이프 134

나트랑 추천 코스

휴양지라는 이유로 볼거리가 없을 거란 생각은 금물! 눈뜨기 무섭게 돌아다니는 빠듯한 일정이 아닌, 베트남의 진한 커피 한잔과 함께 잠시 쉬어 가며 즐기는 여유로움이 바로 나트랑 여행의 매력이다. 추천 코스를 따라 볼거리, 먹거리, 즐길 거리를 만끽해 보자.

추천 코스 1 빈펄 랜드 중심

출발

09:00
택시를 타고 빈펄 랜드 케이블카 탑승장으로 출발

택시 10분

10:00
빈펄 랜드에서 테마파크, 워터파크 즐기기 (점심 식사 포함)

택시 10분

16:00
마사지로 피로 회복

도보 10분

18:30
랜턴스에서 현지식 식사

도보 1분

20:00
꽁 카페에서 코코넛커피 맛보기

도보 5분

21:00
야시장 구경하기

도보 10분

22:00
세일링 클럽에서 나이트라이프 즐기기

추천 코스 2
호핑 투어 중심

출발

09:00
숙소에서 픽업 차량을 타고 선착장 이동

픽업 차량 10분

10:00
호핑 투어 (점심 식사 포함)

샌딩 차량 10분

17:30
숙소 도착

도보 10분

18:00
코스타 시푸드에서 저녁 식사

도보 5분

19:20
나트랑 센터에서 쇼핑

나트랑 센터 내

20:20
코코넛 마사지에서 발 마사지로 피로 회복

택시 7분

22:00
루이지애나에서 맥주 한잔으로 마무리

TIP 추천 코스 활용 방법

- 추천 코스를 기반으로 각자의 취향에 맞게 일정을 다듬어 보자.
- 대부분의 맛집이 시내에 몰려 있어 저녁 식사는 원하는 식당으로 변경해도 시간 차이가 크게 나지 않는다.
- 구글 맵을 이용하면 추천 코스를 확인하거나 일정 변경 시 동선을 파악하기 쉽다.

추천 코스 3
시내 관광 중심

출발

09:00
혼쫑곶으로 출발

택시 15분

09:30
혼쫑곶 구경하기

택시 5분

11:00
뽀나가 탑 관람하기

택시 5분

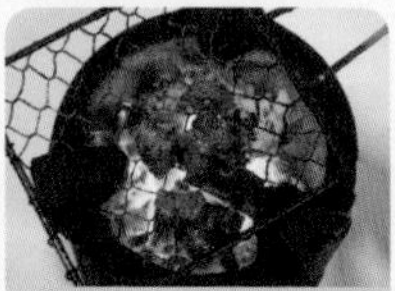

12:30
락까인에서 숯불구이 식사

택시 7분

14:00
나트랑 대성당 방문하기

택시 5분

15:30
롱선사 돌아보기

도보 10분

17:00
롯데마트 구경 후
하이랜즈 커피에서 휴식

택시 10분

18:30
갈랑가에서 현지식 먹기

도보 5분

20:30
시내 산책 후 베트남 전통
수상 인형극 관람

도보 2분

21:30
야시장 구경하기

도보 7분

22:30
스카이라이트 라운지에서
나이트라이프 즐기기

추천 코스 4 나트랑 비치 중심

출발

09:00
아침 식사 후
나트랑 비치로 이동

도보 5~10분

09:30
나트랑 비치에서
휴양 즐기기

택시 6분

12:00
아나 비치 하우스에서
해변을 보며 점심 식사

택시 15분

13:30
뽀나가 탑 돌아보기

택시 6분

15:00
덤 시장 구경하기

택시 5분

16:00
나트랑 센터에서 쇼핑

도보 10분

17:30
퍼홍에서 쌀국수 맛보기

도보 5분

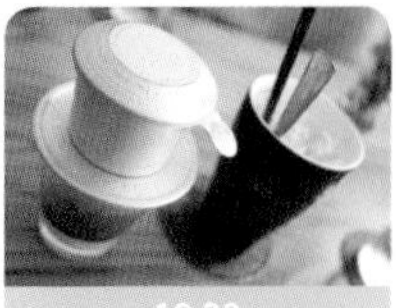

18:30
쭝응우옌 레전드에서
까페스어다 마시기

도보 7분

20:00
야시장 구경하기

도보 12분

21:30
루이지애나에서 맥주
한잔으로 마무리

SPECIAL

볼거리 즐길 거리 천국
빈펄 랜드

나트랑이 여행자들에게 알려지는 데 한몫을 단단히 한 곳이 바로 빈펄 랜드(Vinpearl Land)다. 길이 3,320m로 세계에서 가장 긴 해상 케이블카를 타고 혼째(Hon Tre)섬으로 들어가면 리조트 5곳과 전용 비치, 골프장 외에 놀이동산, 워터파크, 아쿠아리움, 키즈 랜드, 게임 월드, 동물원, 각종 공연까지 볼거리, 즐길 거리가 가득하다. 섬 전체가 빈펄만의 공간으로 이루어져 빈펄섬이라고 불리기도 한다. 빈펄 랜드 자유 이용권을 구입하면 리조트와 골프장을 제외한 모든 시설을 자유롭게 이용할 수 있다. 지금도 지속적으로 변신하고 있는 빈펄 랜드는 앞으로 더욱 기대되는 나트랑의 대표 명소 중 하나다.

빈펄 랜드 기본 정보

지도 p.13–H

주소 **빈펄 랜드** Hon Tre Island, Nha Trang, Khanh Hoa Province

케이블카 탑승장 Vinpearl Cable Car Terminal, Vĩnh Trường, Nha Trang, Khanh Hoa Province

요금 성인 88만 동, 키 1~1.4m 아동 70만 동, 키 1m 미만 아동 무료, 60세 이상 70만 동(신분증 지참)

운영 일~목요일 08:30~21:00, 금~토요일 08:30~22:00

홈페이지 nhatrang.vinpearlland.com

교통 케이블카로 12분 소요

놀이동산 Amusement

야외에 있는 놀이동산으로 범퍼카와 롤러코스터 등 대부분의 놀이 기구를 갖추고 있다. 물론 모든 놀이 기구는 무료. 가장 인기 있는 기구는 1인용 롤러코스터라 불리는 알파인 코스터(Alpine Coaster)로 속도를 직접 조절할 수 있다. 빈펄 랜드와 나트랑 베이를 한눈에 바라볼 수 있어 더욱 인기가 높다.

운영 일~목요일 08:30~20:45,
금~토요일 08:30~21:45

아쿠아리움 Underwater World

워터파크 입구 옆에 동굴 모양으로 생긴 곳이 아쿠아리움이다. 우리나라처럼 화려한 느낌은 아니지만 다양한 해양 동물을 구경할 수 있어 아이들이 특히 좋아한다. 매일 두 차례 인어 쇼가 펼쳐진다.

운영 09:00~21:00

워터파크 Water Park

놀이 기구와 풀장이 즐비한 워터파크는 바다와 인접하여 전용 비치를 함께 이용할 수 있다. 이곳의 대표 놀이 기구는 6개의 라인을 자랑하는 멀티 슬라이드다. 무려 15m 높이에 100m 길이로 짜릿한 속도감을 느낄 수 있다. 2017년에 새로 오픈한 스플래시 베이(Splash Bay) 또한 물 위에서 즐기는 체험 시설로 인기를 끌고 있다.

운영 09:00~18:00

스플래시 베이

스카이 휠 Sky Wheel

빈펄 스카이 휠은 120m 높이의 거대한 대관람차이다. 60개의 캐빈에 총 480명의 인원을 수용할 수 있으며, 세계 10대 관람차 중 하나로 선정되었다. 빈펄에서 가장 멋진 야경을 즐길 수 있는 포인트이다.

오션 무비 캐슬 Ocean Movie Castle

4D 영화관으로 200석의 넉넉한 좌석에 3개의 대형 스크린을 통해서 마치 바닷속에 있는 듯 실감 나는 4D 입체 영상을 즐길 수 있다.

운영 9~5월 11:00~19:00, 6~8월 09:00~21:00

놓칠 수 없는 추천 공연

돌고래 쇼 Dolphin Show

장소 아쿠아리움 옆 Dolphin Lagoon

시간 월요일 15:30~16:00, 화~일요일 11:30~12:00, 15:30~16:00

인어 쇼 Mermaid Show

장소 아쿠아리움 Underwater World

시간 11:00~11:10, 15:00~15:10

음악 분수 쇼 Musical Water Fountain Show

장소 푸드코트와 푸드 빌리지 근처 Amphitheater

시간 19:00~19:25

TIP 빈펄 랜드 이용 시 참고 사항

빈펄 리조트 투숙객인 경우

- 기존에는 빈펄 랜드 티켓이 투숙 비용에 포함되었으나 정책이 바뀌어 별도로 구매해야 한다(리조트 예약 시 티켓을 함께 구매할 수 있다).
- 빈펄 랜드 티켓을 별도로 구매하지 않았다면 케이블카를 이용할 수 없다.
- 티켓을 구매하였다면 케이블카를 이용하여 빈펄 랜드로 바로 가거나 스피드보트로 섬에 도착한 후 전동차를 타고 빈펄 랜드로 이동할 수 있다.

빈펄 랜드 이용객인 경우

- 빈펄 리조트 투숙객 전용인 스피드보트를 이용할 수 없으므로 보트 선착장이 아닌 케이블카 탑승장으로 가야 한다.

빈펄 랜드
0
200m
N
VINPEARL
빈펄 리조트 나트랑
식물원
동물원
워터파크
쇼핑 및 푸드 스트리트
놀이 시설(야외 위주)
빈펄 럭셔리 나트랑
케이블카 탑승장(섬)
놀이 시설(실내 위주)
스피드보트 선착장(섬)
스피드보트 선착장(육지)
케이블카 탑승장(육지)
스피드보트 선착장(섬)
스피드보트 선착장(육지)

SPECIAL

신난다! 나트랑 호핑 투어

휴양지 하면 시원한 바다, 바다 하면 빠질 수 없는 게 바로 호핑 투어(Hopping Tour)다. 호핑 투어는 '폴짝 뛴다'는 말 그대로 배를 타고 여러 포인트를 둘러보면서 즐기는 투어를 가리킨다. 나트랑에서는 세계 각국의 여행자와 함께 어울릴 수 있는 일정이 포함되어 흥겨움이 더욱 커진다. 다른 휴양지에서 경험할 수 없는 나트랑만의 독특한 호핑 투어와 함께 진정한 휴양을 즐겨 보자.

4개의 섬을 둘러보는 나트랑 호핑 투어

나트랑 호핑 투어는 크게 4개의 섬(Hòn Miễu, Hòn Mun, Hòn Môt, Hòn Tằm)을 종일 둘러보는 투어로 진행된다. 예약하는 여행사 및 호텔에 따라 다르지만 평균 10US$ 정도의 저렴한 가격에 온종일 즐길 수 있는 투어 프로그램이다. 상품을 예약하면 당일 아침 픽업 서비스를 통해 선착장으로 이동한 후 배에 탑승할 여행자들이 모두 모이면 투어가 시작된다. 아름다운 바다를 만날 수 있는 혼문(Hòn Mun)섬에서 스노클링과 다이빙을 즐기고, 배 모양의 독특한 아쿠아리움을 관람하거나 한적한 섬에서 해수욕은 물론 카약, 바나나보트, 제트스키 등 다양한 해양 스포츠도 즐길 수 있다. 해양 스포츠가 싫다면 선베드에 누워 여유를 만끽해도 좋다. 나트랑이 다른 휴양지의 호핑 투어와 다른 점이 있다면 점심 식사 후 펼쳐지는 댄스 타임과 다이빙 파티다. 배 안에서 가이드의 진행에 따라 세계 각국을 대표하는 노래에 맞추어 춤을 추면서 흥을 돋우는 걸로 시작해서 다른 여행자들과 함

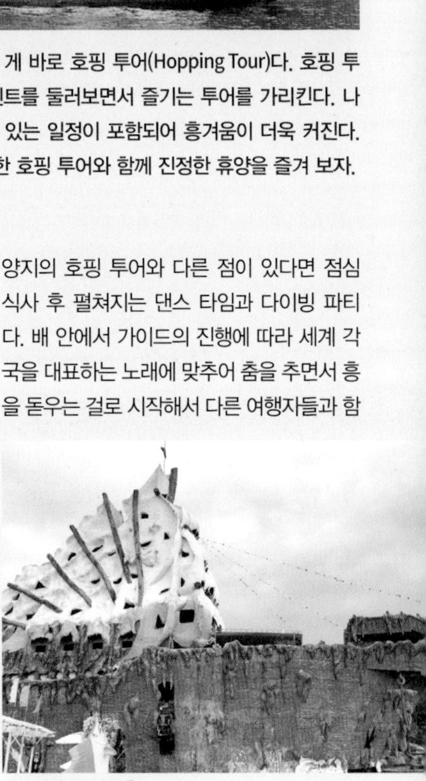

배 모양의 아쿠아리움

께 배에서 하나둘씩 다이빙을 한 후 물 위에서 칵테일 또는 와인을 마시며 어울리는 파티를 즐긴다.

세계인이 어울리는 레크리에이션 타임

TIP 알아 두면 좋은 호핑 투어 정보

- 투어 예약은 신투어리스트를 비롯한 현지 여행사, 혹은 투숙하는 호텔에서 할 수 있으며, 언어의 장벽이 있다면 베나자와 같은 우리나라 여행사의 상품을 이용해도 좋다(가격은 조금씩 다름).
- 보통 4개의 섬이 포함되지만 호핑 투어 업체나 현지 상황에 따라 일정이 달라질 수 있다.
- 포함 사항 : 차량 픽업 서비스와 점심(해산물 구입은 추가 비용), 칵테일, 물, 가이드 비용
- 불포함 사항 : 아쿠아리움, 섬 입장료, 선베드 사용료 등. 아쿠아리움과 선베드는 이용하지 않을 경우 비용을 지불하지 않아도 되며, 혼미에우(Hòn Miễu)섬의 바이짜인(Bãi Tranh) 해수욕장은 섬 입장료에 선베드 비용이 포함된다.

럭셔리한 투어를 원한다면 '엠퍼러 크루즈'

일반 보트 투어보다 쾌적한 환경과 여유로운 분위기를 만끽하고 싶다면 엠퍼러 크루즈를 이용하자. 럭셔리한 크루즈 2층의 선베드에 누워 한가롭게 바다를 감상하고, 크루즈 레스토랑에서 깔끔한 식사를 맛볼 수 있다. 일반 호핑 투어와는 달리 섬 입장료와 음료, 와이파이 등 대부분의 이용료가 모두 투어 비용에 포함되는데 스노클링뿐만 아니라 투명 카약과 동그란 바스켓 보트 체험도 무료로 즐길 수 있다. 쾌적한 럭셔리 크루즈와 함께하는 투어이므로 다른 호핑 투어에 비해 가격은 꽤 비싼 편이다(약 90~100US$).

홈페이지 emperorcruises.com

TIP 나트랑 현지에서 운영하는 한국 여행사 '베나자'

베나자는 나트랑 현지에서 운영 중인 나트랑 여행 전문 한인 여행사다. 자유 여행에서 의사소통이 어려워 현지 투어를 즐기지 못하는 여행자들에게 안전하게 투어를 즐길 수 있도록 예약을 도와주고, 렌터카 대여 및 픽업 서비스도 제공하고 있어 편안하게 여행할 수 있다. 이외에도 골프 및 마사지, 숙박 예약과 실시간 현지 여행 정보도 제공한다.

베나자 카페 http://cafe.naver.com/mindy7857

나트랑 비치 Bãi Biển Beach

도심에 자리 잡은 나트랑 대표 비치

북쪽 쩐푸 다리(Cầu Trần Phú) 입구 근처에서부터 남쪽으로 약 7km가량 이어지는 나트랑 대표 비치. 현지에서는 바이비엔 비치(Bãi Biển Beach)라 불린다. 이곳이 나트랑을 대표하는 이유는 도심을 끼고 있어 도보로 이동할 만큼 접근성이 뛰어나기 때문이다. 해변을 따라 공원이 조성되어 모래사장에 들어가지 않더라도 산책을 즐길 수 있다. 비치 라인에는 나이트라이프를 즐길 수 있는 세일링 클럽과 루이지애나가 있고, 큰 도로를 사이에 두고 비치 맞은편으로 쉐라톤, 인터컨티넨탈 등 호텔들을 비롯해 나트랑 센터, 야시장, 예르생 박물관까지 볼거리가 가득하다. 숙소와 볼거리, 맛집까지 모두 해결이 가능하기 때문에 항상 여행자들의 사랑을 받는다.

지도 p.15-H, 휴대지도 ●-8
주소 72 Trần Phú, Lộc Thọ, Tp. Nha Trang
교통 공항에서 차로 40분. 나트랑 시내에 있다.

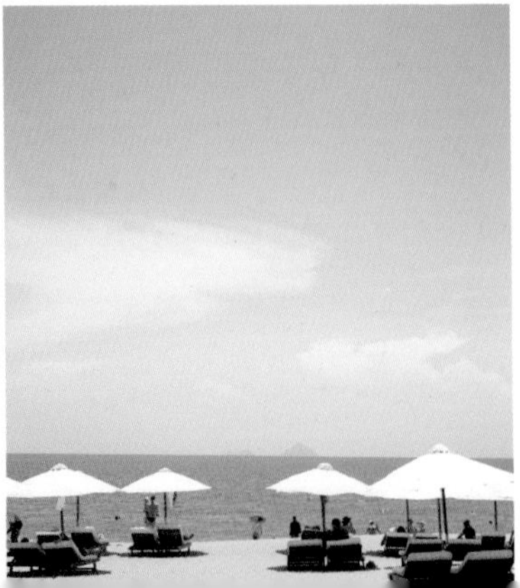

뽀나가 탑 Tháp Bà Ponagar

짬파 유적의 흔적

2세기부터 베트남 중남부에는 말레이계인 짬족이 세운 짬파 왕국이 있었다. 뽀나가 탑은 짬파 왕국의 흔적이 가장 많이 남아 있는 곳 중 하나로, 문화유산의 가치가 높은 힌두 사원이다. 8세기 무렵, 뽀나가 여신인 티엔이아나(Thien Y A Na)를 모시기 위해 짓기 시작하면서 무너짐과 재건을 반복해 500여 년에 걸쳐 완성되었다. 뽀나가 여신은 시바(Siva) 신의 아내인 우마(Uma), 즉 파르바티(Parvati)를 상징한다. 총 3층으로 이루어진 뽀나가의 1층은 매표소를 통과한 후 이어지는 입구이며, 2층은 힌두 사원에서 예배나 의식을 준비하는 공간인 만다파(Mandapa)로 이루어져 있다. 작은 제단 양쪽으로 20m에 가까운 10개의 기다란 기둥과 12개의 작은 기둥이 인상적이다. 왼쪽의 계단을 올라 3층 언덕에 오르면 4개의 탑을 만날 수 있다. 25m 높이의 가장 큰 메인 탑은 뽀나가 여신의 탑이다. 입구 상단에 4개의 팔을 가진 힌두 신 우마가 새겨져 있으며, 탑의 내부로 들어가면 앉아 있는 뽀나가 여신을 볼 수 있다. 나머지 3개의 탑은 남편인 시바, 아들인 가네샤(Ganesa)와 스칸다(Skanda)에게 헌정된 사원이다. 뽀나가 탑은 구운 벽돌을 이용해 쌓아 올렸으므로 오랜 세월에도 불구하고 탑에서 이끼를 찾아볼 수 없다. 한 치의 오차 없이 정교하게 쌓아 올린 것은 지금의 기술로도 이해하기 힘든 미스터리로 남아 있다.

지도 p.13-H
주소 2 Tháng 4, Vĩnh Phước, Tp. Nha Trang
운영 06:00~18:00 요금 2만 2,000동
교통 나트랑 센터에서 차로 10분

2층 만다파

나트랑 대성당 Nhà Thờ Chánh Tòa Kitô Vua

나트랑에서 가장 큰 성당

나트랑 대성당은 네오고딕 양식으로 1933년 5월 14일 루이 발레(Louis Vallet) 신부에 의해 설립되었다. 성당은 10m의 언덕 위에 세워졌으며, 돌로 지어졌다고 하여 '돌성당'으로 불리기도 한다. 언덕 아래의 입구에 들어서면 성모상이 가장 먼저 보이고, 성당을 향해 올라가는 동안 오른쪽 외벽에 루이 발레 신부를 포함한 4,000여 개의 무덤이 새겨진 것을 볼 수 있다. 약 600명을 수용할 수 있는 성당 안으로 들어가면 무엇보다 화려한 스테인드글라스에 이목이 집중된다. 잔 다르크를 비롯한 여러 프랑스 성자들과 성 요한 마리아 비안네, 예수의 삶을 나타낸 일화 등이 스테인드글라스에 묘사되어 있다. 나트랑에서 가장 큰 성당으로 화려한 건축과 성당에서 바라보는 도시 경관이 아름다워 현지인을 비롯해 여행자들에게 깊은 인상을 주는 곳이다.

지도 p.15-C, 휴대지도 ●-3
주소 31 Thái Nguyên, Phước Tân, Tp. Nha Trang
전화 0258 3823 335
운영 월~토요일 05:00~17:00, 일요일 04:30~20:00
요금 무료
교통 나트랑 기차역에서 도보 10분, 나트랑 센터에서 도보 15분

미사 시간
평일 04:45 / 17:00
일요일 05:00 / 07:00 / 09:30 / 16:30 / 18:30

롱선사 Chùa Long Sơn

나트랑을 지키는 거대한 불상

1886년에 세워진 롱선사는 나트랑을 대표하는 불교 사원이다. 당시에는 제일 높은 언덕에 있는 거대한 좌불상과 마찬가지로 언덕에 지어졌지만 1900년 거대한 태풍으로 인해 파괴되어 지금은 입구에서 조금만 들어가면 마주할 수 있는 평지에 재건했다. 롱선사의 볼거리는 곳곳에 용의 장식이 눈에 띄는 사원과 사원 뒤로 152개의 계단을 오르다 보면 왼편에 누워 있는 거대한 와불상, 그리고 언덕 꼭대기에 있는 새하얀 좌불상이다. 24m 높이의 거대한 좌불상은 약 3m 높이의 좌대에 7m의 연꽃, 그리고 그 위에 앉은 14m의 불상으로 이루어져 있다. 좌대의 벽면에는 아라한(소승의 수행자)의 조각이 여럿 새겨져 있는데, 이 중 눈길을 끄는 것은 불교를 탄압하려던 남베트남 초대 대통령 응오딘지엠에 저항하여 스스로 몸에 불을 질러 소신공양한 승려 틱꽝득(Thích Quảng Đức)이다. 좌불상이 있는 곳은 롱선사에서 가장 높은 언덕이므로 나트랑 시내 전망이 뛰어나다.

지도 p.14-B, 휴대지도 ●-2
주소 Phật Học, Phương Sơn, Tp. Nha Trang
전화 0258 3827 239
운영 07:00~18:00 요금 무료
교통 나트랑 기차역에서 도보 7분, 롯데마트에서 도보 11분

24m 높이의 좌불상

TIP

● 사원 내부에 들어갈 때는 신발과 모자를 벗는 것이 종교적 예의다.

● 현지인 사기꾼을 조심하자. 와불상의 위치를 알려준다며 길을 안내해 주려 한다거나 향에 불을 피워 주는 등 선심을 베풀려는 현지인은 사기꾼일 확률이 높다.

혼쫑곶 Hòn Chồng

해안 전망이 아름다운 뷰포인트

수많은 바위들이 모여 있는 혼쫑곶은 우뚝 솟아 있는 거대한 바위가 매력 포인트다. 언덕을 내려가 바위들을 밟고 넘어서 거대한 바위가 있는 곶의 모서리 부분까지 가면 눈앞에 펼쳐지는 시원한 해안 전망을 만끽할 수 있다. 질서 없이 무심히 여기저기 놓여 있는 바위들은 태풍이나 거센 파도에도 전혀 흔들림 없는 모습을 보여 주고 있어 자연의 신비함을 느끼게 한다. 바위에 움푹 팬 부분은 마치 손자국처럼 보이는데 전설 속 거인의 것이라 전해진다. 술에 취한 거인이 목욕을 하던 한 여인을 보게 되었고, 둘은 사랑에 빠졌다고 한다. 그러나 신의 개입으로 인해 거인은 쫓겨났고, 거인을 기다리던 여인은 병에 걸리고 말았다. 끝내 만나지 못한 채 오랜 세월이 흘렀고, 그녀는 슬픔에 잠겨 꼬띠엔산(Núi Cô Tiên)으로 변했다고 전해진다. 혼쫑곶의 북쪽으로 보이는 꼬띠엔산은 오른쪽 봉우리가 여인의 얼굴, 가운데 봉우리가 가슴, 왼쪽 산꼭대기가 다리를 나타낸다고 한다. 북동쪽으로는 혼루어(Hòn Rùa)라는, 거북이를 닮은 작은 섬이 있다. 혼쫑곶에서 시간을 보내고 다시 언덕 위로 오르면 출구 쪽에 야외 식당이 있으므로 이곳에서 간단히 배를 채워도 좋다.

지도 p.13-H
주소 Hòn Chồng, Vĩnh Phước, Tp. Nha Trang
운영 07:00~18:00
요금 2만 2,000동
교통 나트랑 센터에서 쩐푸 다리를 건너 차로 10분

TIP 혼쫑곶의 매력을 한층 더 느끼고 싶다면 일몰 시간에 맞추어 가자. 날씨가 좋은 날엔 더욱 아름다운 해안 전망을 만끽할 수 있다.

센트럴 파크 Central Park

제대로 휴양을 만끽할 수 있는 멀티플레이스

센트럴 파크는 전용 비치와 함께 수영장, 실내외 레스토랑, 쇼핑센터, 클럽, 마사지 시설까지 다채로운 휴양을 한 번에 만끽할 수 있는 멀티플레이스다. 전용 비치는 나트랑 비치의 500m 정도를 '드림 비치'라는 이름을 붙여 사용하고 있다. 드림 비치는 구역에 따라 스탠더드(Standard)와 VIP로 나누어지며, 선베드를 대여하여 휴양을 즐기는 방식이다. 대여 비용은 구역에 따라 다르다.

센트럴 파크의 장점은 나트랑 비치 중 모래 상태가 가장 좋으며, 로커 시설이 있어 다른 비치에 비해 안전하다는 것. 또 전용 비치와 수영장의 선베드부터 카페와 바, 레스토랑까지 모든 부대시설을 이용할 수 있어 편리하다. 센트럴 파크 지하에 있는 피라미드(PYRAMID) 쇼핑센터는 규모는 크지 않지만, 에어컨이 나와 잠시 더위를 피할 수 있고 깨끗한 화장실도 이용할 수 있기 때문에 쇼핑이 목적이 아니더라도 들르기에 좋다.

지도 p.13-H
주소 96 Trần Phú, Lộc Thọ, Tp. Nha Trang
전화 0258 3521 844
운영 드림 비치 08:00~17:00 / 피라미드 쇼핑센터 08:30~23:00
요금 무료
홈페이지 centralpark.vn
교통 루이지애나에서 도보 4분

TIP

● 드림 비치 요금
Standard 8만 동(선베드+매트리스+풀장 이용)
VIP 15만 동(선베드+매트리스+풀장 이용+타월+로커)
● 드림 비치에서는 무료 와이파이를 이용할 수 있다.
● 깨끗한 화장실을 찾는다면 지하의 피라미드 쇼핑센터를 이용하자.

센트럴 파크 입구

알렉상드르 예르생 박물관 Bảo Tàng Alexandre Yersin

베트남 사람들이 존경하는 외국인

예르생 박물관은 파리의 파스퇴르 박물관의 도움으로 지어졌으며, 알렉상드르 예르생이 설립한 나트랑의 파스퇴르 연구소(Pasteur Institute) 옆에 위치하고 있다. 스위스 오본 출생으로 프랑스 국적을 가진 예르생은 파리의 파스퇴르 연구소에서 디프테리아 독소를 연구했으며, 항광견병혈청을 개발하였고 선 페스트의 원인이 되는 박테리아를 발견한 업적을 남겼다. 1891년 나트랑에 온 뒤로 줄곧 이곳을 오가며 하노이와 달랏, 나트랑에 파스퇴르 연구소를 설립하였다. 또한 동남아 최초의 의학대학인 하노이 의과대학을 설립하기도 했다. 베트남을 위한 그의 놀라운 헌신에 감동한 베트남 정부는 그에게 명예 시민권을 수여했다. 현재 박물관 인근에 파스퇴르와 예르생이란 이름을 가진 도로가 있을 정도로 베트남에서 존경을 받아 왔다. 예르생은 나트랑에서 오랜 시간을 보낸 후 결국 이곳에서 생을 마감했다. 박물관에서는 예르생이 살아온 흔적이 담긴 사진과 문서 기록, 그리고 과학을 사랑했던 그의 인생을 살펴볼 수 있다.

지도 p.15-D, 휴대지도 ●-4
주소 10 Trần Phú St, Tp. Nha Trang
전화 0258 3829 540
운영 월~금요일 07:30~11:30, 14:00~17:00
요금 2만 동
홈페이지 Pasteur-nhatrang.org.vn
교통 나트랑 센터에서 도보 5분

나트랑 해양 박물관 Bảo Tàng Hải Dương Học

수많은 해양 생물을 구경할 수 있는 박물관

우리 돈으로 3,000원도 안 되는 저렴한 입장료로 다양한 해양 생물들을 구경할 수 있는 곳이다. 깔끔하고 첨단 시설을 갖춘 아쿠아리움은 아니지만 해양 생물의 기록을 목적에 둔 박물관 형태를 갖추고 있다. 입구 쪽 야외에는 커다란 수족관이 있는데 물고기와 거북이 등 살아 있는 해양 생물을 직접 만날 수 있다. 내부로 들어서면 사각형의 어항들이 일렬로 쭉 나열되어, 걸으면서 어항 속의 다양한 물고기를 관람할 수 있다. 또한 무게가 1만 8,000kg에 달하는 혹등고래의 거대한 박제본도 이곳에서 만날 수 있다. 길이는 무려 18m. 이외에도 크고 작은 해양 생물의 표본만 따로 보관해 둔 표본실이 있는데 종류가 2만 종에 육박한다. 아쿠아리움과는 달리 번잡하지 않아서 여유롭게 둘러보기에 좋다.

지도 p.13-H
주소 Cầu Đá - Hòn Một, Cầu Đá, Vĩnh Nguyên, Tp. Nha Trang
전화 0258 3590 048
운영 06:00~18:00
요금 4만 동
홈페이지 www.vnio.org.vn
교통 빈펄 리조트 선착장에서 차로 4분, 세일링 클럽에서 차로 15분

쩜흐엉 타워 Tháp Trầm Hương

나트랑의 랜드마크

나트랑에는 도시를 대표할 만한 랜드마크가 딱히 있지 않으나, 하나를 택해야 한다면 나트랑 비치에 있는 쩜흐엉 타워를 들 수 있다. 베트남 국화인 연꽃을 형상화한 건물의 외관은 3층으로 이루어져 있으며, 내부는 6층으로 구성되어 있다. 1층은 아담한 정원과 파도가 치는 형상의 조각품, 2층은 분홍색의 꽃잎 모양이 부각되며, 3층은 탑으로 등대를 나타낸다. 탑 꼭대기의 뾰족한 봉우리는 나트랑의 높은 경제, 사회, 문화성을 표현한다. 밤이 되면 가로등과 탑의 불빛으로 인해 낮보다 화려하여 눈에 잘 띈다.

지도 p.15–H, 휴대지도 ●–8
주소 Trần Phú, Lộc Thọ, Tp. Nha Trang
교통 인터컨티넨탈 호텔에서 도보 7분

밤에 더욱 빛나는 쩜흐엉 타워

쩐푸 다리 Cầu Trần Phú

나트랑에서 가장 아름다운 다리

쩐푸 다리는 나트랑 시내가 있는 중심가와 뽀나가 탑이 있는 북쪽 지구를 이어 주는 역할을 한다. 다리 아래로는 까이강(Sông Cái)이 흐르고 있다. 낮에는 그냥 평범한 다리처럼 보이지만 날이 어둑해지면 그 진가를 발휘하기 시작한다. 삼각형의 뾰족한 조명들이 다리를 따라 나란히 이어지며 알록달록한 색들로 반짝이는 모습이 아름답다. 다리를 걸어서 건널 수 있도록 보도가 나 있는데, 오토바이 소매치기가 종종 발생하므로 소지품 관리에 각별히 유의하자.

지도 p.13–H
주소 Cầu Trần Phú, Vĩnh Thọ, Tp. Nha Trang
교통 락까인에서 도보 10분

수상 인형극장 Nhà Hát Múa Rối Nước

베트남 전통 수상 인형극

수상 인형극은 베트남어로 냐핫무어로이느억, 영어로는 Water Puppet Show라고 부른다. 베트남 북부에 흐르는 홍강에서 옛 농부들이 농사를 지으며 생활했던 모습들을 나타낸 인형극이다. 11세기에는 왕의 장수를 기원하는 잔치에서 수상 인형극 공연을 했다고 한다. 수상 인형극의 이야기는 400여 가지나 되는데 그중 대표적인 14가지를 이곳에서 관람할 수 있다. 자막이 따로 없고 베트남어로 진행되다 보니 정확한 내용을 이해하기는 힘들다. 그래서인지 하노이의 수상 인형극장들에 비해 관광객의 방문이 적은 편이다. 하지만 전통 음악과 함께 물 위에서 춤을 추거나 익살스런 동작을 하는 인형들의 모습은 보는 것만으로도 재미있다. 베트남 농부들의 전통 생활을 상상하며 나트랑에서 유일하게 수상 인형극을 볼 수 있다는 점에 의의를 두면 충분히 만족할 만한 공연이다.

지도 p.15-H, 휴대지도 ●-8
주소 46 Trần Phú, Lộc Thọ, Tp. Nha Trang
전화 0258 3527 828
운영 1일 3회(16:00, 19:00, 20:30), 45분 소요
요금 성인 15만 동, 아동 10만 동
교통 쩜흐엉 타워에서 도보 3분

TIP

● 수상 인형극에서 볼 수 있는 14가지 이야기

1. The Funny Man's Games
2. Dragon's Dance
3. Kid's Riding On The Buffalo's Back And Fluting
4. Transplanting, Plouging, Bailing Out Water
5. Frod Hooking
6. Chasing Fox, Catching Duck
7. Fishing
8. Kids Playing In The Water
9. Cham Dancing
10. Phoenix Dancing
11. Legend Of The King Le Loi Rendering Sword
12. Boat Racing
13. Bat Tien Dance
14. Dance Of "Dragon-Unicorn-Tortoise-Phoenix"

● Souvenir Package

직접 공연자와 함께 물속에 들어가서 인형극 체험을 할 수 있다(기념 촬영 포함). 요금은 10만 동.

XQ 자수 박물관 XQ Sử Quán

핸드메이드 자수 공예 박물관

나트랑 비치 앞 골목 끄트머리에 위치한 자수 박물관은 입장료가 없고 규모가 크지 않아 지나가는 길에 가볍게 둘러볼 수 있다. 평소 자수에 관심이 있다거나 자수를 어떻게 놓는지 궁금한 여행자들에게 반가운 곳이다. 정말 손으로 만든 것이 맞나 싶을 정도로 놀라운 수준의 자수 작품들이 가득하다. 작품의 종류도 섬세한 표정을 표현한 인물화부터 정물화, 풍경화까지 다양하다. 박물관이라기보다는 갤러리 느낌이 강하며 일부 작품과 기념품을 판매하기도 한다.

지도 p.15-L, 휴대지도 ●-12
주소 64 Trần Phú, Lộc Thọ, Tp. Nha Trang
전화 0258 3526 579
운영 08:00~21:30
요금 무료
교통 갈랑가 바로 옆. 리버티 호텔에서 도보 2분

양바이 폭포 Yang Bay Fall

폭포와 함께 온천 및 즐길 거리가 한가득

나트랑 시내에서 40km 이상 떨어진 외곽에 위치한 양바이 폭포는 현지인들이 즐겨 찾는 관광지다. 드넓은 공원 안을 버기카를 타고 둘러보는 투어 형식으로 운영된다. 주요 볼거리는 폭포지만 그 밖에 토끼와 타조, 곰, 악어 등도 볼 수 있고, 폭포로 가는 길목에 놓인 다리를 건너며 아름다운 자연 경관을 감상할 수 있다. 또 폭포에서 이어지는 계곡에서 물놀이를 하거나 따뜻한 온천욕과 닥터피시 체험, 뗏목 래프팅 체험도 가능하다. 베트남 전통 경기인 돼지 경주, 닭싸움도 구경할 수 있어 볼거리와 즐길 거리가 가득하다. 시내와의 거리가 가까운 편이 아니기 때문에 택시보다는 현지 여행사에서 진행하는 1일 투어를 이용하는 것이 여러모로 편리하다.

지도 p.13-G
주소 Khánh Phú, Khánh Vĩnh, Khánh Hòa
전화 0258 370 7779
운영 07:30~17:00
요금 1일 투어 45만 동(차량 및 가이드 포함)
홈페이지 yangbay.khatoco.com
교통 나트랑 시내에서 차로 50분

롱 비치 Bãi Dài Beach

공항에서 가까운 한적한 해변

나트랑 도심에서 약 30km 떨어진 공항 인근의 한적한 해변이다. 영어로는 롱 비치(Long Beach), 현지어로 바이자이 비치(Bãi Dài Beach)로 불린다. 도심에서 떨어져 있다 보니 나트랑 비치보다는 비교적 한산하여 여유롭게 해변을 거닐 수 있는 게 장점이다. 해안선을 따라 줄지어 있는 리조트들은 롱 비치를 전용 해변으로 사용하고 있다. 롱 비치 중에서도 해수욕장(Khu Du Lịch Bãi Dài) 방면은 현지인과 여행자들이 많은 편이다. 또 나트랑에서 해양 스포츠가 가장 활발히 이루어지는 비치 중 하나이기도 하다. 다만 주변 시설이 잘 갖추어지지 않은 로컬 느낌의 해수욕장이라 깔끔한 분위기를 기대하긴 힘들다.

지도 p.13-K
주소 Nguyễn Tất Thành, Bãi Dài, Cam Lâm, Khánh Hòa
교통 공항에서 차로 15분

족렛 비치 Dốc Lết Beach

새하얀 백사장이 아름다운 해변

도심에서 북쪽의 쩐푸 다리(Cầu Trần Phú)를 건너 약 45km 떨어진 외곽의 비치로, 거리가 멀고 주변에 인기 있는 숙박 시설이 적은 탓에 다른 해변에 비해 비교적 한산하다. 하지만 새하얀 백사장을 보유한 화이트 비치로 어느 해변보다 아름다워 족렛 비치를 찾는 여행자들이 점점 늘어나고 있다. 수심이 얕은 편이고 깨끗한 환경을 갖추고 있어 해수욕하기에 적합한 곳이다.

지도 p.12-B
주소 Ninh Hai, Ninh Hoa, Khánh Hòa
교통 나트랑 센터에서 차로 1시간 5분

한 걸음 더!

원데이 투어로 떠나는 달랏 여행

나트랑에서 버스로 4시간이면 해발 1,500m의 달랏(Đà Lạt)이란 도시에 도착하게 된다. 20세기 초, 프랑스의 지배하에 개발된 휴양지로 미니 프랑스라고 불리기도 한다. 아직까지는 다른 베트남 도시에 비해 여행자들의 발걸음이 잦진 않지만 현지인들에게는 신혼여행지로 꼽힐 만큼 아름다운 곳이다. 또한 커피 생산지로 유명하기 때문에 달랏 여행에서의 커피 한잔은 더욱 특별하다. 나트랑 여행이 처음이라면 일정을 나트랑 중심으로 계획하더라도 가볍게 하루 정도는 달랏에 시간을 투자해 보는 건 어떨까?

TIP 나트랑에서 달랏으로 가는 교통편

나트랑에서 달랏까지는 유일한 대중 교통수단인 버스를 이용하여 이동해야 한다. 달랏까지 4시간이 소요되며, 이용 가능한 여행사 버스로는 신투어리스트와 프엉짱 버스, 한카페(Hanh Cafe) 버스 등이 있다(p.53 참고).

이동 경로	출발 시간	소요 시간	요금
나트랑-달랏	07:30	4시간	9만 9,000동
	13:00	4시간	9만 9,000동

크레이지 하우스 Crazy House

가우디의 건축물을 닮은 신기한 집

달랏에서 가장 많이 들르게 되는 관광지로 그 이름처럼 구조가 매우 독특한 집이다. '달랏의 가우디'라는 별칭으로 부르기도 한다. 동화 속에서 나올 법한 여러 집들이 모여 있는데 크레이지 하우스의 매력에 빠지고 싶다면 독특한 외관만 감상할 것이 아니라 안으로 들어가 보자. 여러 집들을 이어 주는 계단을 오르다 보면 달랏 시내가 한눈에 보이는 멋진 전망도 즐길 수 있다. 특별한 경험을 하고 싶다면 크레이지 하우스에서 투숙을 해도 좋다.

짧게는 30분, 길어도 1시간이면 돌아볼 수 있는 공간이지만 여행자들은 달랏 여행에서 크레이지 하우스가 가장 많이 기억에 남는다고 말하곤 한다.

운영 08:30~19:00
요금 4만 동
교통 달랏 시장에서 차로 5분 또는 도보 15분
홈페이지 www.crazyhouse.vn

기차역 Ga Đà Lạt

관광 열차 체험이 가능한 프랑스풍 기차역

프랑스 식민 지배 시절에 세워진 아기자기한 기차역. 현재는 짜이맛(Trại Mát)역까지 약 7km 거리를 30분 정도 달리는 관광 열차만 운행된다. 짜이맛역 인근의 린프억 사원(Chùa Linh Phước)을 구경한 후 다시 열차를 타고 달랏역으로 돌아오는 코스다. 열차를 타지 않으면 노란색이 인상적인 달랏역을 배경으로 사진을 찍는 것 외에 다른 볼거리는 없으므로 참고할 것.

요금 입장료 5,000동
교통 달랏 시장에서 차로 5분

TIP 관광 열차 운영 정보

달랏과 짜이맛 사이를 1일 5회 운행한다. 요금은 12만 4,000동이며, 운행 시간은 07:45~09:25, 09:50~11:20, 11:55~13:25, 14:00~15:30, 16:05~17:35이다.

랑비앙산 Núi Lang Biang

달랏을 한눈에 바라보는 명당

해발 2,167m의 랑비앙산은 달랏 시내와 숲, 강을 비롯한 아름다운 자연 경관을 바라볼 수 있는 곳이다. 랑비앙이라는 이름은 랑이라는 사내와 비앙이라는 여인이 서로 사랑하지만 부족이 달라 이루어질 수 없는 슬픔에 목숨을 끊은 전설에서 유래되었다. 입구에 도착하면 지프차를 타고 산에 오르거나 걸어 올라가는 방법이 있는데, 장시간 트레킹을 좋아하지 않는다면 지프차를 이용하자. 입장료 외에 별도의 요금이 들지만 차를 타고 산을 오르는 재미가 쏠쏠하다. 정상에 오르면 30~40분간의 자유 시간이 주어지므로 자연 경관을 즐기고 사진을 찍으며 시간을 보낼 수 있다. 'LANG BIANG'이라고 크게 쓰인 팻말과 달랏의 풍경을 배경으로 인증 사진을 찍어 보자. 달랏 시내에서 약 12km 떨어져 있어 버스나 택시로 쉽게 찾아갈 수 있다.

랑비앙산에서 바라보는 달랏 전경

요금 입장료 3만 동, 지프차(6인승) 6만 동
교통 시내버스 정류장에서 차로 20분

다딴라 폭포 Thác Đatanla

알파인 코스터

알파인 코스터부터 캐니어닝까지

다딴라 폭포의 입구에 들어서면 폭포까지 계단을 따라 걸어 내려갈 것인지, 알파인 코스터를 타고 내려갈지 선택해야 한다. 물론 계단은 무료이고, 알파인 코스터는 유료지만 우리나라 돈으로 3,000원 정도의 저렴한 비용이므로 주위 풍경을 즐기며 신나게 내려가는 알파인 코스터를 추천한다. 다딴라 폭포에 도착하면 폭포 소리가 마음까지 시원하게 해준다. 여기서 다른 폭포를 보려면 케이블카를 타거나 산책로를 통해 걸어가는 방법이 있다. 여행자들이 다딴라 폭포를 찾는 가장 큰 이유는 캐니어닝(Canyoning)을 즐기기 위해서다. 로프에 몸을 의지하는 아찔한 액티비티인 캐니어닝을 다딴라 폭포에서 즐겨 보자(캐니어닝 투어는 별도로 예약 필요).

운영 07:30~17:00
요금 입장료 3만 동, 알파인 코스터 6만 동(왕복), 케이블카 4만 동(왕복)
홈페이지 캐니어닝 투어 highlandsporttravel.com
교통 달랏 시장에서 차로 10~15분

야시장 Chợ Đêm

어두운 밤을 밝히는 활기찬 야시장

달랏의 야시장은 특별하다. 달랏 광장을 중심으로 들어선 야시장은 베트남 최대 규모의 야시장 중 하나로, 상인과 현지인, 여행자들이 모여들어 활기가 넘친다. 무엇이 없는지 찾기 힘들 정도로 웬만한 물건은 다 있다고 생각하면 된다. 고산 지대인 만큼 베트남 남부에서는 볼 수 없는 방한 제품까지 판매한다. 굳이 물건을 사지 않고 둘러만 보아도 눈이 즐겁다. 배가 고프다면 노점에서 판매하는 해산물과 현지 음식을 맛보는 것도 야시장을 즐기는 또 하나의 재미다.

교통 기차역에서 차로 5분

접근성이 좋은 시내

에바손 아나 만다라 Evason Ana Mandara

시내와 근접한 전용 비치 리조트
에바손 아나 만다라는 식스센스 그룹이 운영하는 체인 리조트다. 총 74동의 방갈로형 빌라는 객실 유형에 따라 잘 가꾸어진 정원 혹은 아름다운 전용 비치 인근에 자리 잡고 있다. 가든뷰 룸을 제외한 객실들은 대부분 바다가 보인다. 디럭스 비치 프런트 룸과 아나 만다라 주니어 스위트는 해변과 기장 가까우며 객실 규모도 가장 크다. 에바손 아나 만다라의 가장 큰 장점은 전용 비치를 끼고 있는 아늑한 리조트 형태의 숙소 중 시내에서 가장 가깝다는 점이다. 나트랑 센터 쇼핑몰까

지 차로 5분이면 도착할 만큼 시내와의 접근성이 좋다. 부대시설로는 풀장과 비치를 바라보며 식사를 즐길 수 있는 아나 비치 하우스(Ana Beach House, p.116 참고)가 있다.

지도 p.13-H
주소 Lộc Thọ, Tp. Nha Trang
전화 0258 3522 222
요금 210US$~
홈페이지 www.sixsenses.com/evason-resorts/ana-mandara/destination
교통 센트럴 파크에서 도보 5분

TIP

- 모든 객실 타입은 성인 3명 또는 성인 2명에 아이 1명까지 투숙이 가능하다.
- 해변 축구, 쿠킹 클래스, 레고블록놀이, 퍼즐 등 어린이들을 위한 다양한 키즈 프로그램을 제공한다.
- 단시간의 베이비시팅 서비스를 무료로 이용할 수 있다. 장시간 이용을 원한다면 유료 서비스를 사전에 예약하도록 하자.

프리미어 하바나 호텔 Premier Havana Nha Trang Hotel

나트랑 비치와 지하로 연결된 특급 호텔

프리미어 하바나는 인터컨티넨탈, 쉐라톤과 나란히 나트랑 비치 맞은편에 있으며, 베스트웨스턴의 체인 호텔이다. 비치와 가까운 호텔답게 대부분의 객실이 오션뷰이며 총 1,000실의 객실을 넉넉하게 보유하고 있다. 하바나는 다른 호텔과 달리, 호텔 건물의 지하 통로를 통해 나트랑 비치로 갈 수 있기 때문에 굳이 도로를 건널 필요가 없다. 또 다른 자랑거리는 루프톱에 위치한 스카이라이트(Skylight, p.137 참고)라는 라운지 바. 밤이 깊어지면 클럽으로 분위기를 전환하며, 360도 스카이덱에서 시내와 바다를 모두 둘러볼 수 있어 많은 여행자들이 찾는다.

지도 p.15-H, 휴대지도 ●-8
주소 38 Trần Phú, Lộc Thọ, Tp. Nha Trang
전화 0258 3889 999
요금 120US$~
홈페이지 havanahotel.vn
교통 쩜흐엉 타워에서 도보 5분

인터컨티넨탈 나트랑 InterContinental Nha Trang

최고의 조식 뷔페, 최고의 도심 호텔

인터컨티넨탈은 특유의 고급스러운 인테리어와 친절한 직원 서비스로 나트랑 비치에 인접한 호텔 중 가장 인기가 많다. 나트랑 센터와 야시장, 나트랑 비치에서 가깝고, 뛰어난 바다 전망을 자랑한다. 기본 룸인 디럭스 룸도 여유롭게 바다 전망을 즐길 수 있는 널찍한 발코니와 대리석 욕실을 갖추고 있다. 호텔 로비 1층의 쿡북 카페(Cookbook Cafe, p.117 참고)의 조식 뷔페도 인기. 4세 이상의 어린이라면 키즈 클럽인 플래닛 트레커스(Planet Trekkers)를 이용해 보자.

지도 p.15-D, 휴대지도 ●-4
주소 32-34 Trần Phú, Lộc Thọ, Tp. Nha Trang
전화 0258 3887 777
요금 120US$~
홈페이지 nhatrang.intercontinental.com
교통 공항에서 차로 50분

©InterContinental Nha Trang

©InterContinental Nha Trang

쉐라톤 나트랑 호텔 & 스파 Sheraton Nha Trang Hotel & Spa

전 객실 오션뷰를 자랑하는 월드 체인 호텔

쉐라톤은 나트랑 비치 맞은편에 위치하여 전 객실 오션뷰를 자랑한다. 디럭스 오션뷰 룸과 클럽 룸이 가장 대중적이며, 클럽 룸부터 클럽 라운지 이용이 가능하다. 스위트룸부터는 킹사이즈 베드가 포함되고 룸 면적이 넓어진다. 부대시설로는 바다가 보이는 6층 인피니티 풀이 인기가 많으며, 2층 레스토랑인 스팀 앤 스파이스(Steam n' Spice, p.115 참고)와 최고층 루프톱에서 칵테일을 즐기며 나트랑 시내를 바라보기 좋은 앨티튜드(Altitude, p.134 참고)가 있다.

지도 p.15-D, 휴대지도 ●-4
주소 26-28 Trần Phú, Lộc Thọ, Tp. Nha Trang
전화 0258 3880 000 요금 130US$~
홈페이지 www.sheratonnhatrang.com
교통 공항에서 차로 50분

6층 인피니티 풀

빈펄 콘도텔 엠파이어 나트랑 Vinpearl Condotel Empire Nha Trang
빈펄 콘도텔 비치프런트 나트랑 Vinpearl Condotel Beachfront Nha Trang

시내에 위치한 최상의 가성비 콘도텔

빈펄 리조트와 같은 빈펄 그룹의 체인 호텔로 나트랑에는 빈펄 콘도텔 엠파이어와 빈펄 콘도텔 비치프런트가 있다. 2018년에 오픈한 호텔들로 가격 대비 뛰어난 룸컨디션을 자랑한다. 두 호텔 모두 건물 내에 마트, 쇼핑, 영화관, 게임센터 등의 편의시설이 잘 갖추어진 빈펄 플라자가 있고, 야외수영장과 키즈 클럽 등 부대시설도 괜찮다. 차이점은 나트랑 비치와의 거리. 호텔 이름처럼 비치프런트는 나트랑 비치 바로 맞은편에 있기 때문에 접근성이 좋은 것은 물론이고 객실에서 바라보는 바다 전망도 뛰어나다. 엠파이어는 나트랑 비치 바로 맞은편은 아니지만 비치까지 도보 5분 남짓한 거리로 가까운 편이다. 부담 없는 가격에 깔끔하고 편리한, 가성비 좋은 호텔을 찾는다면 바로 여기다.

엠파이어 나트랑

지도 p.15-H, 휴대지도 ●-8
주소 44-46 Lê Thánh Tôn, Lộc Thọ, Thành phố Nha Trang, Khánh Hòa
전화 0258 3599 888 요금 90 US$~
홈페이지 vinpearl.com/condotel-empire-nha-trang/en 교통 나트랑 비치에서 도보 5분

비치프런트 나트랑

지도 p.15-L, 휴대지도 ●-12
주소 78 Trần Phú, Lộc Thọ, Thành phố Nha Trang, Khánh Hòa
전화 0258 3598 900 요금 80 US$~
홈페이지 vinpearl.com/condotel-beachfront-nha-trang/en
교통 세일링클럽에서 도보 1분

빈펄 콘도텔 엠파이어 나트랑

빈펄 콘도텔 비치프런트 나트랑

빈펄 콘도텔 엠파이어 나트랑

빈펄 콘도텔 비치프런트 나트랑

선라이즈 나트랑 비치 호텔 & 스파
Sunrise Nha Trang Beach Hotel & Spa

나트랑 비치 라인의 실속형 5성급 호텔

나트랑 비치 맞은편의 호텔들 사이에 위치한 선라이즈는 다낭과 호찌민에도 있는 베트남 체인 호텔이다. 인근의 월드 호텔 체인인 쉐라톤, 인터컨티넨탈에 비해 서비스 및 룸 컨디션이 떨어지는 건 사실이지만 투숙 비용이 비교적 저렴하고 객실에서 바라보는 바다 전망이 뛰어나 여행자들 사이에선 실속형 5성급 호텔로 알려져 있다. 선라이즈는 수영장의 모습이 독특한데 기다랗게 세워진 12개의 기둥이 동그란 야외 풀장을 둘러싸고 있어 마치 신전을 보는 듯한 느낌을 준다.

지도 p.15-D, 휴대지도 ●-4
주소 12-14 Trần Phú, Xương Huân, Tp. Nha Trang
전화 0258 3820 999
요금 88US$~
홈페이지 sunrisenhatrang.com.vn
교통 나트랑 센터에서 도보 5분

노보텔 나트랑 Novotel Nha Trang

시내와 접근성이 가장 뛰어난 비치 라인의 호텔

아코르 호텔 체인으로, 나트랑 비치 맞은편의 호텔 중 시내 중심부와 가장 근접해 있는 4성급 호텔이다. 총 154실의 객실은 모던한 인테리어로, 나트랑 호텔에서 보기 드물게 객실 안에 카펫이 깔려 있다. 수영장 시설이 다소 아쉽다 보니 투숙객의 대부분은 주로 노보텔 전용 비치를 이용한다. 조식이 맛있는 편이며, 특별한 부대시설은 없지만 모든 면에서 무난하여 글로벌 체인 호텔다운 만족을 느끼게 해준다.

지도 p.15-H, 휴대지도 ●-8
주소 50 Trần Phú, Lộc Thọ, Tp. Nha Trang
전화 0258 6256 900
요금 90US$~
홈페이지 www.accorhotels.com/ko/hotel-6033-novotel-nha-trang/index.shtml
교통 야시장에서 도보 3분

리버티 센트럴 나트랑 Liberty Central Nha Trang

시내 중심의 만족도 높은 4성급 호텔

시내에서 접근성이 좋은 깔끔한 호텔을 찾는다면 리버티 센트럴만한 곳이 없다. 나트랑 비치 맞은편에 줄지어 선 호텔 중 하나는 아니지만 여행자 거리의 중심에 자리 잡아 주변에 편의 시설 및 맛집들이 즐비하다. 비치와의 거리도 도보 5분이면 충분하다. 20층의 높이를 자랑하는 호텔은 총 227실의 객실을 보유하고 있다. 4층에는 야외 수영장이 있고, 최상층에는 스카이라운지 바가 있어 나트랑 시내 야경을 즐기기에 좋다. 중국 관광객의 방문이 많은 편.

지도 p.15–L, 휴대지도 ● –12
주소 9 Biệt Thự, Lộc Thọ, Tp. Nha Trang
전화 0258 3529 555 요금 70US$~
홈페이지 odysseahotels.com/nhatrang-hotel
교통 나트랑 시내 중심. 세일링 클럽에서 도보 5분

로사카 나트랑 호텔 Rosaka Nha Trang Hotel

가성비가 뛰어난 호텔

도심의 여행자 거리에 위치한 로사카 호텔은 가성비가 뛰어나다. 위치는 물론, 깔끔한 객실 컨디션과 특급 호텔 못지않은 직원들의 친절한 서비스가 투숙객들을 만족시킨다. 아쉬운 점이 있다면 22층 루프톱에 있는 수영장이다. 바다 전망은 뛰어나지만 크기가 작아 마음껏 수영을 즐기긴 어렵다. 나트랑 비치까지 도보로 5분이면 도착하니 비치에서 수영을 즐기는 걸 추천한다. 객실은 총 140실이며 슈피리어, 디럭스, 프리미어 오션뷰, 스위트룸으로 나뉜다.

지도 p.15–L, 휴대지도 ● –12
주소 107A Nguyễn Thiện Thuật, Lộc Thọ, Tp. Nha Trang
전화 0258 3833 333
요금 70US$~
홈페이지 rosakahotel.com
교통 옌스에서 도보 3분

백팩 호스텔 나트랑 Backpack Hostel Nha Trang

깔끔하고 저렴한 호스텔

가족이 함께 운영하는 호스텔로, 여행자들로 하여금 호스텔이 아닌 집과 같은 편안함을 느끼게 해준다. 총 6실의 객실이 있으며 더블 룸 1개와 6~8명을 수용하는 도미토리 룸이 있다. 대체적으로 시설이 깔끔하고, 해양 스포츠 및 머드 온천, 달랏 투어 등 옵션 투어 예약이 가능하여 편리하다. 도미토리 룸은 남녀 공용이며 여성 전용 도미토리 룸은 없다는 점이 아쉽다.

지도 p.15-L, 휴대지도 ● -8
주소 79/1 Nguyễn Thiện Thuật, Lộc Thọ, Tp. Nha Trang
전화 0258 3529 139
요금 더블 룸 13US$~, 8인실 7US$~
홈페이지 www.facebook.com/Backpackhostelnhatrang
교통 꽁 카페 및 한식당 투게더에서 도보 2분

타발로 호스텔 Tabalo Hostel

객실 선택의 폭이 넓은 호스텔

최저 6.95US$에 1박을 해결할 수 있는 호스텔. 객실 타입은 2층 침대가 있는 2~4인용 도미토리 룸과 복층 구조로 욕실까지 딸려 있는 일반 룸이 있다. 도미토리 룸은 일반적인 호스텔과 마찬가지로 욕실을 같이 쓰는 구조다. 타발로 호스텔에선 무료 와이파이 사용이 가능하고, 객실 요금에 조식도 포함되어 있다. 보통은 저렴한 가격에 객실 컨디션까지 기대할 수 없지만 타발로 호스텔은 객실마저 모던하고 깔끔하다. 객실 공간이 다소 협소한 것이 단점.

지도 p.15-K, 휴대지도 ● -11
주소 34/2/7 Nguyễn Thiện Thuật, Tân Lập, Tp. Nha Trang
전화 0258 3525 295
요금 더블 캐빈 23US$(2인실, 단독 욕실 포함), 여성 전용 캐빈 6.95US$(4인실, 욕실 공동 사용)
홈페이지 tabalohostel.com
교통 랜턴스에서 도보 3분

TIP

- 체크인 전과 체크아웃 후에도 무료로 샤워 시설을 이용할 수 있다.
- 요청하면 시내 지도를 제공한다.
- 4인용 도미토리는 남녀 공용과 여성 전용으로 나뉜다.

빈펄 리조트 Vinpearl Resort

섬 안에 모든 것을 갖춘 복합 리조트 단지

빈펄 리조트는 베트남의 빈 그룹의 호텔 브랜드다. 나트랑의 혼째(Hon Tre)섬을 통째로 리조트 공간으로 만들고, 육지와 섬을 케이블카와 보트로 자유롭게 오고 갈 수 있도록 해 빈펄섬이라고도 불린다. 신나는 놀이 기구를 즐길 수 있는 테마파크와 함께 아쿠아리움, 워터파크, 골프장 등이 갖추어져 있으며 빈펄 랜드라는 이름으로 지금도 지속적으로 개발 중이다.

빈펄 리조트는 총 5개의 리조트로 구성되어 있다. 오래된 순으로 빈펄 리조트 나트랑, 빈펄 럭셔리 나트랑, 빈펄 리조트 & 스파 나트랑 베이, 빈펄 디스커버리 1 나트랑, 빈펄 디스커버리 2 나트랑이 그 주인공이다. 빈펄 리조트는 모두 풀보드(Full-Board)라는 전식 무료 뷔페 시스템을 갖추고 있어 여행자들 사이에 인기가 많다. 더불어 아이들이 놀 수 있는 키즈 클럽과 수영장, 다채로운 해양 스포츠, 전동차로 쉽게 갈 수 있는 빈펄 랜드와 아름다운 비치까지, 리조트에서 휴양의 모든 걸 해결할 수 있어서 가족 단체와 커플 여행자들의 선호도가 높다.

지도 p.13-H

교통 공항에서 선착장까지 차로 45분, 선착장에서 혼째섬까지 보트로 7분

TIP 빈펄 리조트 이용하기

● 체크인 – 빈펄 리조트로 가는 법

육지에 있는 빈펄 선착장에서 체크인한 후 보트를 타고 혼째섬으로 이동 → 섬에 도착하여 대기하고 있는 전동차를 타고 투숙할 리조트로 이동

선착장에서 체크인 카드로 투숙객임을 확인한 후 스피드보트에 탑승한다.

● 체크인 후 육지를 오고 가는 법

1. 스피드보트

투숙객 누구나 무료로 이용할 수 있다.

운행 시간 24시간

운행 간격 30분

소요 시간 7분

2. 케이블카

빈펄 랜드 티켓을 구매한 투숙객만 이용 가능하다.

운행 시간 일~목요일 08:30~21:00, 금~토요일 08:30~22:00

소요 시간 12분

● 리조트 내에서의 이동

리조트에서 빈펄 랜드나 선착장으로 이동할 때는 로비 직원에게 전동차를 요청하자.

빈펄 리조트의 필수 교통수단인 전동차

● 객실 카드 사용

체크인 후 받게 되는 카드는 객실에 들어갈 때는 물론 스피드보트와 케이블카를 이용할 때도 쓰이므로 항상 소지해야 한다.

● 빈펄 랜드 티켓 구매

예전에는 리조트 투숙 비용에 포함되었으나 정책이 바뀌어 반드시 빈펄 랜드 티켓을 별도로 구매해야 한다(성인 88만 동, 아동 70만 동, p.62 참고).

● 빈펄 풀보드

빈펄 리조트는 모두 전식 뷔페를 이용할 수 있는 풀보드 시스템이 있다(예약 시 선택 가능). 별도의 이용 쿠폰은 없으며, 룸 키와 함께 객실 번호를 알려주면 이용할 수 있다. 5개의 리조트 모두 뷔페 메뉴가 동일하며 메뉴는 주기적으로 바뀐다. 단, 다른 리조트에서 식사를 할 수는 없다.

조식 06:00~10:30

중식 12:00~14:30

석식 18:00~22:00

빈펄 리조트 나트랑
Vinpearl Nha Trang Resort

빈펄 리조트 중 가장 처음에 생긴 리조트

빈펄 리조트 나트랑은 혼째섬에 자리 잡은 5곳의 빈펄 리조트 가운데 가장 처음에 생긴 곳이다. 총 476실의 객실은 바다가 보이는 디럭스 오션뷰, 그랜드 디럭스 오션뷰, 바다가 아닌 섬 안쪽이 보이는 가든뷰의 디럭스룸, 디럭스 주니어 스위트 힐뷰 등 다양한 타입이 있다. 제일 처음 생긴 리조트이기 때문에 빈펄섬의 다른 리조트보다 객실 컨디션이 조금 떨어진다. 대신 리조트 바로 앞에 있는 2개의 수영장은 동남아에서 손에 꼽히는 큰 규모이며 아이들이 놀기에 좋은 키즈 풀도 갖추고 있다. 리조트 내부에 별도의 키즈 클럽 시설도 있다. 수영장 뒤로는 백사장이 아름다운 700m의 드넓은 비치가 눈앞에 펼쳐진다.

전화 0258 3598 222
요금 120US$~
홈페이지 www.vinpearl.com/resort-nha-trang

빈펄 럭셔리 나트랑
Vinpearl Luxury Nha Trang

해변 인근의 고요한 럭셔리 빌라

빈펄 럭셔리 나트랑은 약 400m 길이의 해변 앞에 자리 잡은 비치 프런트 빌라, 풀사이드 빌라, 가든 빌라 등 총 84동의 럭셔리 빌라들로 구성되어 있다. 웅장하고 화려한 느낌의 다른 리조트들보다 비교적 안정감 있는 빌라 구조이며 고요한 분위기 속에서 휴양을 즐길 수 있는 장점이 있다. 각 빌라들은 개인 수영장을 보유하고 있어 조용하게 휴양을 즐기려는 투숙객들에게 적합하다. 부대시설로는 테니스장, 야외 수영장, 피트니스 센터 등이 있다. 특히 이곳에는 빈펄 리조트에서 자랑하는 빈참 스파가 있다. 바다 위에 방갈로 형태로 지어진 수상 스파 시설로, 파도 소리를 들으며 마사지를 받을 수 있어 자연 속에서 충분한 힐링을 만끽하게 된다.

전화 0258 3598 598 요금 320US$~
홈페이지 www.vinpearl.com/luxury-nha-trang

빈참 스파

빈펄 리조트 & 스파 나트랑 베이
Vinpearl Resort & Spa Nha Trang Bay

확 트인 수영장이 매력적인 리조트

빈펄섬의 리조트 중 세 번째로 들어섰으며 총 483실의 호텔 객실과 빌라를 보유하고 있다. 2015년에 지어진 리조트라 객실 컨디션이 깔끔한 편에 속한다. 밤이 깊어지면 본관 건물의 색이 변하며 반짝여 눈길을 끈다. 숙소 선택 기준에서 수영장이 차지하는 비율이 높다면 이곳을 추천한다. 투숙객 전용인 직사각형의 메인 수영장은 아무런 구조물과 막힘이 없어서 매끄럽게 수영을 즐길 수 있다. 메인 수영장 주변에 있는 2개의 어린이 풀장은 아이들이 놀기에 좋다. 빌라는 2베드룸부터 4베드룸까지 다양한 객실 타입이 있어 선택의 폭이 넓다.

전화 0258 3598 999 요금 125US$~
홈페이지 www.vinpearl.com/nha-trang-bay

빈펄 디스커버리 1 나트랑
Vinpearl Discovery 1 Nha Trang

골퍼들을 위한 최신식 리조트

2016년에 지어진 리조트로 깔끔한 최신 시설을 자랑한다. 객실이 무려 820실로 403실의 호텔 객실과 417실의 프라이빗 풀빌라로 구성되어 있다. 객실은 아시아와 프랑스의 인테리어를 기반으로 하며 대체적으로 리조트 & 스파 나트랑 베이와 비슷하다.

18홀을 갖춘 빈펄 골프장과 가까워 골퍼들에게는 이곳이 더 적합하다. 최신식 시설과 여유로운 객실, 골프장과의 접근성이 좋다는 점은 장점이지만, 빈펄 랜드와는 제법 떨어져 있다는 것이 단점이다.

전화 0258 3598 888
요금 130US$~
홈페이지 www.vinpearl.com/discovery-1-nha-trang

빈펄 디스커버리 2 나트랑
Vinpearl Discovery 2 Nha Trang

조용히 휴양을 즐길 수 있는 풀빌라

혼째섬에 자리한 빈펄 리조트 중에서 가장 최근에 지어진 빈펄 디스커버리 2 나트랑. 전 객실이 빌라형 구조로 되어 있고, 2베드룸에서 4베드룸까지 다양한 객실 타입이 있다. 특히 4베드룸 빌라는 거실도 매우 넓어서 대가족이나 단체 여행객 등 많은 인원도 한번에 투숙할 수 있다. 혼째섬 중앙에 자리해 빈펄 랜드나 나트랑 시내로 나갈 때 불편한 것이 단점. 하지만 한적하고 독립적인 공간에서 조용하게 휴식을 취하기에는 이만한 곳이 없을 듯하다.

전화 0258 3598 900
요금 210US$~
홈페이지 www.vinpearl.com/discovery-2-nha-trang

멀펄 혼땀 리조트 MerPerle Hon Tam Resort

에메랄드 해변이 아름다운 리조트

섬 투어에서 들르는 혼땀(Hòn Tằm)섬에 위치한 리조트로 나트랑 비치보다 바다가 아름답기로 유명하다. 또한 다양한 해양 스포츠를 가까이서 즐길 수 있다. 객실은 목조로 된 방갈로 형태의 혼땀 리조트와 깔끔한 하얀색 빌라인 선셋 빌라로 나뉜다. 방갈로인 혼땀 리조트는 섬의 언덕 곳곳에 자리 잡아 바다 전망이 뛰어나다. 선셋 빌라는 현대식 럭셔리 빌라로 서너 개의 침대가 들어가는 패밀리 룸이 있어서 가족 단위의 여행객들이 투숙하기에 좋다.

지도 p.13-H
주소 Đảo Hòn Tằm, Vĩnh Nguyên, Tp. Nha Trang
전화 0258 3597 777 요금 130US$~
홈페이지 www.hontamresort.vn
교통 선착장에서 무료 셔틀 보트로 20분

참파 아일랜드 리조트 호텔 & 스파 Champa Island Resort Hotel & Spa

육지로 이어진 작은 섬에 위치한 리조트

참파 아일랜드 리조트는 뽀나가 탑 아래쪽에 있는 다리로 이어진 작은 섬에 있다. 두 부분으로 나누어진 작은 섬 중 하나는 참파 아일랜드 리조트이며, 다른 하나는 같은 호텔 브랜드에서 운영하는 참 오아시스 콘도텔 & 빌라(Cham Oasis Condotel & Villas)이다. 참파 아일랜드 리조트는 외관부터 객실 내부까지 화이트 컬러를 기본으로 하여 깔끔하면서도 모던한 디자인을 추구하는 4성급 호텔이다. 도로로 이어져 있는 섬이기 때문에 배를 탈 필요가 없어 이동에 불편함이 없으면서도 독립적인 섬 공간을 보유하고 있어 한적함이 느껴진다. 또 저녁에는 아름다운 쩐푸 다리의 야경을 감상하기에 좋다.

지도 p.13-H
주소 304, Đường 2/4, P. Vĩnh Phước, Tp. Nha Trang
전화 0258 3827 827
요금 참파 아일랜드 리조트 호텔 & 스파 65US$~, 참 오아시스 콘도텔 & 빌라 70US$~
홈페이지 champaislandresort.vn
교통 덤 시장, 뽀나가 탑에서 차로 5분

한적한 여유가 느껴지는 외곽

식스센스 닌번 베이 Six Senses Ninh Van Bay

나트랑 최고의 세계적인 럭셔리 체인 리조트
대한항공 CF에 등장했던 천국 같은 리조트가 바로 나트랑 최고의 리조트인 식스센스 닌번 베이다. 지리적으로 같은 닌번 베이에 있는 랄리아나와 비교되곤 하는데, 식스센스는 랄리아나보다 한층 더 고급스러우면서도 친환경을 모티브로 하여 자연을 보존하고 있다. 마치 숲속에 지어 놓은 나만의 집에 온 듯한 기분을 느낄 수 있다. 외부와의 철저한 차단으로 시내와의 접근성이 떨어지지만 완벽한 부대시설과 다양한 액티비티, 뛰어난 자연 경관은 프라이빗한 공간에서 나트랑 최고의 휴양을 보장한다. 총 59동의 풀빌라를 보유하고 있으며 해변을 가까이하고 싶다면 비치 풀빌라를, 바다 가까이는 워터 풀빌라 혹은 록 풀빌라를, 최고의 전망을 원한다면 힐톱 풀빌라를 이용하도록 하자. 랄리아나와 마찬가지로 개인 버틀러 서비스가 제공되어 리조트 이용에 전혀 불편함이 없다.

지도 p.12-F
주소 Ninh Vân Bay, Ninh Hòa, Khánh Hòa
전화 0258 3524 268 요금 700US$~
홈페이지 sixsensesninhvanbay.com
교통 공항에서 픽업 차량으로 선착장까지 1시간 이동 후 보트로 20분

힐톱 리저브 마스터 베드룸(위)과 더 록 리트리트(아래)

TIP

- 자연 동굴에서 특별한 식사와 와인을 즐기고 싶다면 '디너 인 더 와인 케이브(Dinner in the Wine Cave)'를 예약하자. 가격은 비싸지만 잊지 못할 경험을 할 수 있다(디너 330만 동, 디너+와인 510만 동).
- 식스센스는 여행자의 취향에 맞는 다양한 액티비티를 제공한다. 특히 아침 요가, 닌번 베이의 멋진 경관을 바라볼 수 있는 하이킹이 인기가 많으며, 카약 및 스노클링 장비도 무료로 대여해 준다.

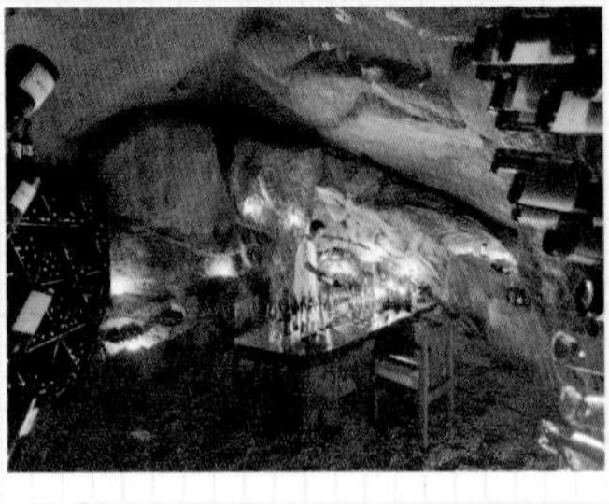

랄리아나 빌라 닌번 베이 L'Alyana Villas Ninh Van Bay

자연 친화적인 모습에 모던함까지 갖춘 럭셔리 풀빌라

식스센스와 더불어 나트랑에서 손꼽히는 럭셔리 풀빌라 리조트 중 하나로, 유니크한 디자인을 갖춘 33동의 프라이빗 풀빌라가 있다. 목조의 방갈로는 바다와 숲을 끼고 적절히 배치되어 자연과 멋진 조화를 이룬다. 이곳의 특징은 세계적인 수준의 서비스에 베트남 특유의 환대와 라이프스타일을 표현하고 있다는 점. 풀 버틀러 서비스를 통해 투숙객들이 조금도 불편하지 않도록 하나하나 섬세하게 도와주니 제대로 휴양하는 느낌을 받을 수 있다.

그랜드 라군 풀-2베드룸

지도 p.12-E
주소 Ninh Vân Bay, Tan Thanh Hamlet, Ninh Ich Commune, Ninh Hòa, Khánh Hòa
전화 0258 3624 964
요금 300US$~
홈페이지 lalyana.com
교통 공항에서 픽업 차량으로 선착장까지 1시간 이동 후 보트로 20분

빈펄 리조트 & 스파 롱비치 나트랑
Vinpearl Resort & Spa Long Beach Nha Trang

오로지 휴양을 위한 풀빌라 리조트

깜라인 국제공항에서 시내로 향하는 해안도로를 따라 많은 휴양형 리조트들이 생겨나고 있다. 그 중 하나인 빈펄 롱비치는 2베드룸에서 4베드룸까지 다양한 타입의 풀빌라들로 이루어져 있다. 웅장한 스케일을 자랑하는 빈펄 리조트답게 빈펄 롱비치 또한 엄청나게 넓은 부지를 자랑한다. 때문에 레스토랑이나 로비 등, 리조트 내에서 이동을 할 때에도 전동카를 호출해서 이용해야 한다.

아이들을 위한 키즈클럽, 아이들의 입맛에 맞는 음식들을 갖춘 식당 내 키즈 코너 등, 아이를 동반한 가족 여행에도 적합하다. 응급 상황에 대처할 수 있도록 클리닉 시설도 잘 갖추어져 있다. 프라이빗한 풀빌라에서 다른 사람들에게 방해받지 않고 휴식에 집중하고 싶은 사람에게 추천할 만한 곳이다.

지도 p.13-K
주소 Cam Hải Đông, Cam Lâm, Khánh Hòa 650000
전화 0258 3991 888
요금 200 US$~
홈페이지 www.vinpearl.com/resort-longbeach-nha-trang
교통 깜라인 국제공항에서 차로 10분

퓨전 리조트 깜라인 Fusion Resort Cam Ranh

올 스파 인클루시브 리조트

베트남 세레니티 그룹의 퓨전 리조트는 깜라인 공항에서 차로 15분이면 도착할 수 있어 공항과의 접근성이 뛰어나다. 대부분의 호텔과 리조트가 시내를 끼고 있는 나트랑 비치에 모여 있는 반면, 퓨전 리조트는 바이자이 비치, 영어로 롱 비치라 불리는 한적한 해변과 이어져 있다. 총 72동의 스위트 빌라와 풀빌라는 바다의 전망과 채광이 뛰어나며, 내부는 편안함을 강조하고자 모던하면서도 자연적인 디자인을 추구하고 있다. 퓨전

2베드룸 풀빌라

리조트의 최고의 자랑거리는 1일 2회 무료로 스파를 제공하는 올 스파 인클루시브(All spa-inclusive)이다. 이와 더불어 제대로 휴양할 수 있도록 세심한 부분까지 신경을 써 주는 직원들의 마음도 인상적이다. 조식도 굳이 식당에서 먹을 필요 없이 미리 요청하면 원하는 시간과 장소에서 먹을 수 있다. 시내와 떨어져 온전히 휴양을 즐기기에 최적화된 로맨틱한 리조트이다.

지도 p.13-K
주소 Lô D10b Bắc Bán Đảo Cam Ranh, Đại Lộ Nguyễn Tất Thành, Cam Lâm, Tp. Nha Trang
전화 0258 3989 777
요금 260US$~
홈페이지 http://fusionresortcamranh.com
교통 공항에서 차로 15분

TIP

- 퓨전 리조트는 1일 2회 무료 스파를 제공한다. 적어도 이틀 전에는 미리 예약해야 원하는 시간에 스파를 즐길 수 있다(09:00~22:00).
- 조식은 식당과 객실, 수영장, 비치 등 어느 곳에서라도 가능하다.
- 수영장에는 별도의 수심 표기가 되어 있지 않다. 중앙은 수심이 제법 깊으므로 안전에 유의하자.
- 공항과 시내를 오가는 무료 셔틀버스를 운영한다. 셔틀버스는 사전 예약 필수.
  리조트 → 나트랑 센터 12:00/17:30
  나트랑 센터 → 리조트 13:00/18:30/21:30

아미아나 리조트 나트랑 Amiana Resort Nha Trang

시내와 적당히 떨어져 더 좋은 고급 리조트

시내에서 북쪽으로 차로 20분 거리에 위치한 5성급 리조트. 적당히 떨어진 거리라 시내로 가기에 부담이 없고, 한적해서 여유가 느껴진다. 이곳은 특히 새하얀 모래가 가득한 전용 비치가 아름답기로 유명하다. 풀장은 기다란 메인 풀과 함께 바닷물을 사용한 넓은 해수 풀이 있어서 여행자의 기호에 맞게 수영을 즐길 수 있다. 총 113실의 객실을 보유하고 있으며, 기본 2인실 디럭스 룸부터 커플이 투숙하기 좋은 풀빌라, 4인 가족도 거뜬히 투숙 가능한 패밀리 빌라까지 룸 타입이 다양하다.

지도 p.12-E
주소 Turtle Bay, Phạm Văn Đồng, Tp. Nha Trang
전화 0258 3553 333
요금 170US$~
홈페이지 www.amianaresort.com
교통 시내에서 차로 20분

미아 리조트 나트랑 Mia Resort Nha Trang

해안 언덕의 한적한 리조트

해안 언덕 위아래에 독립된 공간을 소유한 리조트다. 언덕 위에 있는 로비와 클리프 빌라, 레지던스 객실에 들어서면 확 트인 바다 풍경이 두 눈을 사로잡는다. 언덕 아래에는 오션 콘도, 가든 빌라, 샌들스 레스토랑 등이 있으며 미아 리조트만의 전용 비치와 가까워 바다와 수영장을 끼고 놀기에 제격이다. 언덕 위아래에 위치한 리조트이다 보니 거리가 먼 곳으로 갈 때는 전동차를 불러서 이동한다. 무엇보다 연인, 가족 등 여행자의 특성에 맞는 다양한 객실 타입을 갖추어 누구나 부족함 없는 휴양을 즐길 수 있다. 또 투숙객들에게 15분간 무료로 제공되는 얼굴 마사지는 짧은 시간이지만 여행의 피로를 풀어 준다.

지도 p.13-K
주소 Bãi Dông, Cam Hải Đông, Cam Lâm, Tp. Nha Trang
전화 0258 3989 666
요금 150US$~
홈페이지 www.mianhatrang.com
교통 공항에서 차로 18분

TIP

- **가족 여행자를 위한 추천 객실 타입**

패밀리 콘도(Family Condo) : 더블베드 1개와 트윈베드 1개가 들어간 콘도 타입(싱글 2개로 변경 가능). 오션뷰로 최대 성인 2명과 12세 미만 아이 2명까지 투숙이 가능하다.

미아 스위트(Mia Suites) : 180도 오션뷰를 자랑하는 객실 타입. 킹사이즈 베드 2개가 포함되며, 개인 풀을 갖추고 있다.

5베드룸 빌라(5 Bedroom Villa) : 킹사이즈 베드 4개와 트윈베드 1개가 들어간 초대형 빌라 타입. 인원이 많은 가족에게 적합하다.

- 튜브, 구명조끼 등 수영용품 대여가 가능하다.

다이아몬드 베이 리조트 & 스파 Diamond Bay Resort & Spa

미스유니버스 대회가 열렸던 5성급 리조트

나트랑 시내와 공항의 중간쯤에 위치한 5성급 리조트로 2008년 미스유니버스 대회가 열렸던 곳으로 유명하다. 총 342실의 객실은 전체 가든뷰로 이루어진 호텔동과, 가든뷰와 오션뷰로 나누어진 방갈로로 구성되어 있어 여행자의 취향에 맞게 고를 수 있다. 객

실 내부는 목조가 주를 이룬 옐로 톤의 베트남 스타일이다. 잘 가꾸어진 정원에 있는 듯한 방갈로가 인기 있고, 많은 사람이 이용해도 여유로울 정도로 넓은 수영장이 인상적이다. 시내와 떨어져 있지만 나트랑 센터를 오가는 무료 셔틀버스를 운영하고 있으므로 불편함은 없다.

지도 p.13-H
주소 Nguyễn Tất Thành, Phước Hạ, Phước Đồng, Tp. Nha Trang
전화 0258 3711 711
요금 100US$~
홈페이지 www.diamondbayresort.vn
교통 공항에서 차로 25분

아쿠아 빌라 Acqua Villa

단체 여행객을 위한 럭셔리 빌라

아쿠아 빌라는 단 3개의 객실만을 보유하고 있다. 가족 및 단체 여행객을 위한 500m² 이상의 어마어마한 룸 사이즈를 자랑한다. 객실 타입에 따라 다르긴 하지만 평균적으로 4개 정도의 넉넉한 침대에 부엌과 거실을 갖추고 있으며, 빈펄 케이블카 너머 먼 바다까지 보이는 인피니티 풀을 보유하고 있다. V6 객실 타입은 칵테일 바와 바비큐 시설, 당구대까지 갖추고 있다. 럭셔리 빌라답게 버틀러와 베이비시터 서비스를 이용할 수 있어 편리하다. 빈펄 케이블카 탑승장 근처에 있으며 빌라의 한정된 부대시설을 제외하고는 주변에 별도의 편의 시설이 없는 것이 아쉽다.

지도 p.13-H
주소 36-38 Trần Phú, Vinh Nguyễn, Vinh Trường, Tp. Nha Trang
전화 090 3121 914
요금 500US$~
홈페이지 acquaresidences.com
교통 나트랑 센터에서 차로 15분

깜라인 리비에라 비치 리조트 & 스파
Cam Ranh Riviera Beach Resort & Spa

공항에서 가까운 한적한 리조트

2015년에 오픈한 5성급 리조트로 공항에서 차로 15분이면 도착할 만큼 접근성이 좋다. 객실 유형은 크게 일반 호텔동과 빌라, 풀빌라로 나뉘며, 대부분 오션뷰 혹은 풀뷰인 70실의 객실은 화이트 톤의 모던한 디자인으로 깔끔함을 강조한다. 전용 비치는 롱 비치(바이자이 비치)를 끼고 있어 시내의 리조트들보다 한적하게 휴양을 즐길 수 있다. 시내에서 조금 떨어진 곳에 위치하고 있기 때문에 나트랑 센터를 오가는 무료 셔틀버스를 운영한다. 시내까지 약 40분 소요.

지도 p.13-K
주소 Nguyễn Tất Thành, Cam Hải Đông, Cam Lâm, Khánh Hòa
전화 0258 3989 898
요금 120US$~
홈페이지 rivieraresortspa.com
교통 공항에서 차로 15분

가족 여행객을 위한 숙소 Q&A

Q 어린아이들이 있어서 복잡한 일정보다는 리조트에서 푹 쉬면서 식사까지 해결하고 싶은데 어떤 곳이 좋을까요?

A 가족 여행객들이 가장 선호하는 빈펄 리조트를 추천합니다. 하루 세 끼 전식을 모두 뷔페로 제공하는 풀보드를 운영하기 때문에 식사 고민을 하지 않아도 됩니다. 무엇보다 테마파크와 워터파크, 아쿠아리움 등을 갖춘 빈펄 랜드가 아이들의 마음을 사로잡습니다. 키즈 카페와 어린이 풀장도 잘 갖추어져 있습니다.

공항과 가까운 퓨전 리조트도 추천합니다. 특별히 무료 마사지를 매일 제공하는 이곳은 어른, 아이 할 것 없이 누구나 좋아하는, 휴양을 위한 최적의 리조트입니다.

Q 아이들이 즐길 만한 프로그램이 있는 리조트를 원해요. 부모들도 쉴 수 있는 휴양형 리조트면 더욱 좋아요.

A 아이가 1명으로 부모까지 총 3명 가족이라면 에바손 아나 만다라 리조트를 추천합니다. 해변 축구와 레고블록놀이 등 아이들이 좋아할 만한 액티비티 프로그램이 다양하게 준비되어 있습니다. 만약 유아를 동반했다면 베이비시터 서비스를 이용할 수 있습니다. 그뿐만 아니라 도심에서 걸어서 이동할 수 있는 휴양형 리조트로 전용 비치를 가지고 있어 부모들도 편히 휴양을 즐길 수 있습니다.

Q 아이와 함께 이곳저곳을 돌아다니며 많은 걸 보여 주고 싶어요. 관광지와 접근성이 좋은 숙소를 추천해 주세요.

A 시내에 있는 숙소를 추천합니다. 시내에는 저렴한 호스텔부터 특급 호텔까지 모여 있어 선택의 폭이 매우 넓습니다. 접근성으로만 따지면 시내 중심에 있어 맛집들이 가까운 실속형 리버티 호텔, 나트랑 센터와 나트랑 비치, 야시장이 가까운 인터컨티넨탈, 쉐라톤 호텔이 최적의 위치를 자랑합니다.

Q 부모님과 함께여서 조용한 숙소가 필요해요. 시내와 멀어도 좋아요.

A 시내에서 북쪽으로 조금 떨어져 있지만 그만큼 여유가 느껴지는 아미아나 리조트를 추천합니다. 4인 이하는 패밀리 빌라, 5인 이상은 3베드룸 풀빌라를 예약하면 모두가 만족하는 휴양을 즐길 수 있습니다. 아미아나는 특히 새하얀 모래가 가득한 전용 비치가 아름답기로 유명합니다. 또한 기다란 메인 풀과 함께 바닷물을 사용하는 넓은 해수 풀을 갖추고 있습니다.

Q 10명 정도의 대규모 가족이 머물 만한 숙소를 추천해 주세요.

A 미아 리조트에는 5베드룸 빌라가 있어서 한곳에 대가족이 편히 머무를 수 있습니다. 시내보다는 공항에 가깝지만 시내로 가는 셔틀버스를 운행하기 때문에 한적한 리조트에서 휴양을 즐기다가 하루쯤 시내로 나가는 걸 추천합니다. 6~8명의 일행이 한 객실에 투숙하기를 원한다면 3베드룸이나 4베드룸을 갖춘 리조트들이 적합합니다. 빈펄 리조트 & 스파 나트랑 베이, 아쿠아 빌라, 퓨전 리조트 등이 있습니다.

랜턴스 Lanterns

깔끔하고 트렌디한 베트남 레스토랑

나트랑의 베트남 레스토랑 중 한 곳만 고르라면 가장 선호도가 높을 맛집이다. 현지식을 먹을 때 염려되는 것 중 하나가 위생 문제인데, 랜턴스는 청결을 우선으로 음식을 제공하므로 안심할 수 있다. 식당 내부는 입구에 문이 없는 개방된 공간이며, 양쪽의 벽은 베트남을 표현하는 장식들로 채워 두었다. 랜턴스의 인기 메뉴는 코코넛밀크와 감자, 당근 등이 들어간 베트남 카레와 비주얼 최강인 파인애플 보트이다. 베트남 카레는 치킨, 피시, 슈림프 중에 선택할 수 있다. 파인애플 보트는 속을 비운 파인애플에 고기, 토마토, 양파, 파인애플 등을 담아 달콤한 소스를 곁들여 내오는데 하나씩 꺼내 먹는 재미가 있다. 나트랑에서 아침 7시에 현지식을 먹을 만한 식당은 드문 편인데 랜턴스에선 이른 아침에도 베트남 음식을 즐길 수 있다.

파인애플 보트

지도 p.15-H, 휴대지도 ●-8
주소 30A Nguyễn Thiện Thuật, Lộc Thọ, Tp. Nha Trang
전화 0258 2471 674 영업 07:00~23:00
예산 베트남 카레 9만 9,000동, 파인애플 보트 10만 2,000동
홈페이지 www.lanternsvietnam.com
교통 꽁 카페에서 도보 1분

베트남 카레

TIP 랜턴스에서는 쿠킹 클래스를 진행하고 있다. 09:00부터 14:00까지 반나절 동안 베트남 전통 음식을 직접 만들어 볼 수 있다. 주 4회, 목~일요일 운영.

예약 문의 lanterns_vn@yahoo.com

옌스 Yen's

한국인이 자주 찾는 베트남 레스토랑

베트남 전통 레스토랑으로 항상 인산인해를 이룬다. 랜턴스와 더불어 한국 관광객들에게 합격점을 얻은 곳인 만큼 대체적으로 우리 입맛에 잘 맞는다. 시푸드 핫팟(Hot Pot)과 튀긴 슈림프 롤이 스테디셀러이며, 후에의 전통 국수인 분보후에는 취향에 따라 호불호가 갈린다. 내부 분위기는 조금 어두운 편이지만 고풍스러운 등불들이 내부를 밝혀 준다. 오전 8시에 오픈하기 때문에 아침 식사도 할 수 있으며, 여행자들은 주로 점심 혹은 저녁 시간에 많이 찾는다. 저녁에는 5층의 루프톱 바에서 라이브 공연이 열린다.

지도 p.15-L, 휴대지도 ●-12
주소 73/6 Trần Quang Khải, Lộc Thọ, Tp. Nha Trang 전화 012 1955 6861
영업 08:00~23:00
예산 시푸드 핫팟(2인) 34만 9,000동, 슈림프 롤 7만 5,000동
홈페이지 yensrestaurantnhatrang.com
교통 세일링 클럽에서 시내 방면으로 도보 5분

분팃느엉

락까인 Lạc Cảnh

직접 구워 먹는 숯불구이

락까인은 작은 숯불 위에 양념 소고기를 올려 구워 먹는 숯불구이집으로, 관광객보다는 베트남 현지인들이 대다수인 로컬 맛집이다. 기본적으로 숯불 소고기를 주문하고, 새우 등의 해산물과 볶음밥을 추가로 주문해 먹는다. 고기를 직접 구워 먹는 방식이라 우리에게는 친근한 메뉴지만 현지인들이 주로 찾는 곳이니만큼 관광객을 위한 깔끔하고 청결한 느낌은 부족하다. 또 숯불 때문에 더위를 한층 더 느끼게 된다는 단점이 있다. 인기가 많아지면서 맞은편까지 확장 운영 중이므로 아무 곳에나 들어가면 된다.

지도 p.15-D, 휴대지도 ●-4
주소 44 Nguyễn Bỉnh Khiêm, Xương Huân, Tp. Nha Trang
전화 0258 3821 391
영업 09:30~21:15
예산 바비큐 비프 9만 8,000동
교통 나트랑 센터에서 차로 5분

갈랑가 Galangal

베트남 전통 음식과 길거리 음식에 초점을 맞춘 식당

서양 음식에 맞추기 위해 노력하기보다는 전통적인 지역 재료와 레시피로 길거리 음식을 포함한 베트남 전통 음식들을 판매하는 레스토랑이다. 우리나라 부침개와 흡사한 바인쌔오, 영어로 모닝글로리라 불리는 라우무옹싸오또이와 그릴 시푸드 종류의 음식들이 인기가 많다. 2층까지 넉넉한 공간이 마련되어 있지만 항상 많은 손님들로 북적인다. 그래서인지 주문하는 데 시간이 오래 걸리고, 섬세한 서비스는 기대하기 힘들다.

지도 p.15–L, 휴대지도 ●–12
주소 1-A Biệt Thự, Tân Lập, Tp. Nha Trang
전화 0258 3522 667
영업 10:00~22:00
예산 모닝글로리(라우무옹싸오또이) 6만 7,000동, 바인쌔오 6만 2,000동, 분보싸오 7만 8,000동
홈페이지 galangal.com.vn
교통 XQ 자수 박물관 바로 옆에 있다.

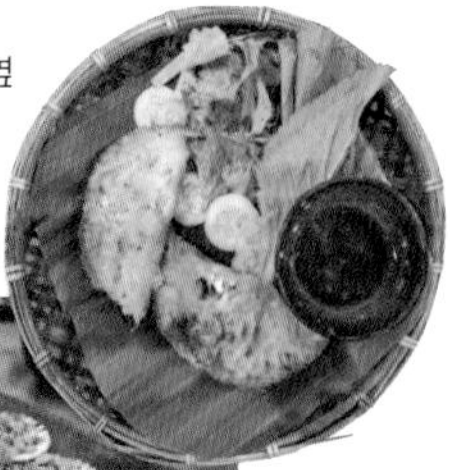

바인쌔오

퍼홍 Phở Hồng

쌀국수 메뉴 하나로 승부하는 맛집

나트랑에서 쌀국수를 먹고 싶다면 가장 먼저 들러야 할 곳이 바로 퍼홍이다. 메뉴는 돼지고기가 들어간 쌀국수 하나이기 때문에 메뉴판을 볼 필요도 없고, 베트남어를 몰라도 상관없다. 보통 사이즈인지 큰 사이즈인지만 정하면 끝! 작은 가게 안에 놓인 플라스틱 의자와 나무 의자가 로컬 식당의 느낌을 제대로 풍긴다. 느끼한 맛이 전혀 없으며, 더운 날씨에도 불구하고 뜨끈한 국물을 다 마시게 될 만큼 쌀국수 하나는 기가 막히는 맛집이다. 에어컨은 없으니 참고할 것. 고수와 같은 향신료를 싫어한다면 반드시 주문할 때 얘기하도록 하자.

지도 p.15–G, 휴대지도 ●–7
주소 40 Lê Thánh Tôn, Tân Lập, Tp. Nha Trang
영업 06:00~21:00 예산 4만 5,000동
교통 나트랑 센터에서 도보 10분

> **TIP**
>
> 고수는 빼 주세요 : 콩응어(Không ngò) 또는 콩라우텀(Không rau thơm)

바인깐 51 Bánh Căn 51

길거리 노점에서 먹는 나트랑 현지식

바인깐은 베트남 중부의 판랑(Phan Rang)과 나트랑 인근 지역에서 먹던 전통 음식이다. 이곳은 주방이 따로 없고 손님들이 앉는 야외 테이블 옆에서 직접 음식을 만들어 내므로 바인깐을 만드는 과정도 구경할 수 있다. 바인깐을 구워 내는 1인용 가마에는 우리나라의 붕어빵 기계처럼 여러 개의 둥근 그릇이 있다. 그 그릇에 물에 불린 쌀로 만든 반죽을 담고 계란을 풀어 구워 낸다. 메뉴는 기본적인 바인깐에 넣는 재료에 따라 달라지며 새우, 고기, 오징어 등이 있다. 여러 가지를 한 번에 맛보고 싶다면 스페셜 메뉴를 주문하면 된다. 생각보다 큼지막한 사이즈여서 간식으로 충분하고 간단한 식사를 대신할 수도 있다. 좌석이 많지 않은 도로변의 기다란 테이블에서 현지인과 옹기종기 붙어 앉아 함께 먹는 재미가 있는 로컬 맛집이다.

지도 p.15-G, 휴대지도 ●-7
주소 51 Tô Hiến Thành, Tân Lập, Tp. Nha Trang
전화 098 9689 348
영업 14:00~21:00
예산 스페셜 7만 동(8개), 오징어 4만 동(6개)
교통 김치 식당에서 도보 5분, 쫑응우옌 레전드에서 도보 1분

1 바인깐을 굽는 가마 2 재료에 따라 다양한 바인깐 3 노점에서 현지인과 함께 먹는 재미가 있는 로컬 맛집

믹스 레스토랑 MIX Restaurant

그리스 지중해 음식을 푸짐하게 맛볼 수 있는 식당

믹스 레스토랑은 꽁 카페처럼 녹색을 기본으로 한 인테리어에 전통적인 베트남다운 빈티지 느낌이 가득하다. 마치 베트남 음식을 판매할 것 같지만 예상과 다르게 그리스 지중해 음식을 전문으로 판매하는 식당이다. 모든 음식은 주문이 들어간 후 요리가 시작되므로 음식이 나오기까지 시간이 좀 걸리지만 그만큼 신선하고 맛있는 음식을 맛볼 수 있다. 여러 가지 음식을 푸짐하게 먹을 수 있는 믹스 시리즈가 인기 있다. 고기 종류가 가득한 믹스 미트, 해산물이 주력인 믹스 시푸드, 고기와 해산물이 모두 포함된 믹스 믹스가 대표적이다. 믹스 시리즈가 부담되면 가볍게 먹기 좋은 수블라키가 적당하다. 한국어 메뉴판이 제공되어 편하게 음식을 주문할 수 있다.

수블라키

지도 p.15-L, 휴대지도 ● -12

주소 77 Hùng Vương, Lộc Thọ, Tp. Nha Trang

전화 0165 967 9197

영업 11:00~22:00

예산 믹스 미트 26만 동, 믹스 믹스 58만 동, 수블라키 5만 동

홈페이지 www.facebook.com/mixrestaurant.nhatrang

교통 세일링 클럽에서 도보 5분

알파카 홈스타일 카페 Alpaca Homestyle Cafe

최상의 만족도를 자랑하는 홈스타일 레스토랑

홈스타일의 모던하고 아기자기한 레스토랑으로 2017년 상반기에 이전하면서 안락함이 더해졌다. 지중해와 멕시코, 미국 남부 스타일의 음식이 주 메뉴를 이룬다. 아침 식사는 과일을 곁들인 오트밀이 인기가 많으며 점심과 저녁에는 퀘사디아와 파히타, 샐러드를 찾는 여행자들이 많다. 음식에 포함된 소스와 잼, 시럽은 매일 직접 만들기 때문에 신선도를 자랑한다. 음식도 음식이지만 알파카만의 편안하면서도 독특한 분위기와 직원들의 친절함이 여행자들의 발길을 사로잡는데 큰 몫을 한다. 꽤 오랫동안 꾸준히 트립어드바이저 최상위권을 유지해 온 맛집이다.

지도 p.15-H, 휴대지도 ●-8
주소 10/1B Nguyễn Thiện Thuật, Tân Lập, Tp. Nha Trang
전화 0122 792 6905
영업 08:00~21:30
예산 오트밀 7만 8,000동, 치킨 파히타 7만 9,000동
홈페이지 www.facebook.com/alpacanhatrang
교통 꽁 카페에서 북쪽으로 도보 5분

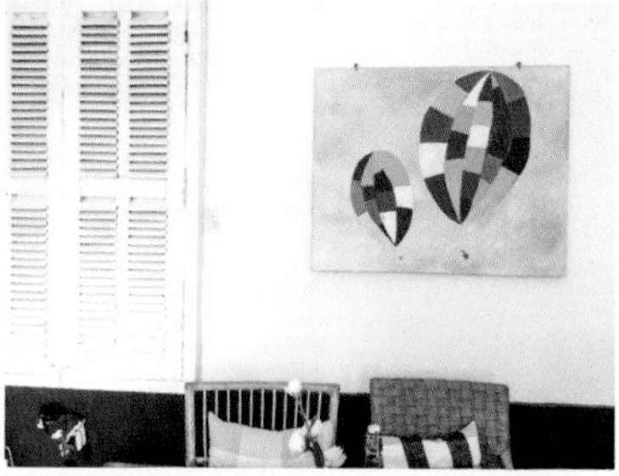

코스타 시푸드 Costa Seafood

분위기 좋은 고급 시푸드 레스토랑

나트랑의 시푸드 레스토랑 중 맛과 서비스에서 만족도가 최상이며 가장 분위기 있고 세련된 곳이다. 개별 룸이 별도로 마련되어 있어, 사전에 예약을 하면 가족뿐만 아니라 10명 이상의 일행도 함께 식사를 할 수 있어 편리하다. 외부에도 테이블이 있지만 대로변에 있어 자동차 매연과 소음, 더위로 불편할 수 있으므로, 넓고 쾌적한 공간에서 여유롭게 식사를 즐길 수 있는 내부 테이블을 추천한다. 상황에 따라 가격 변동이 심하거나 주문 방식이 까다로운 로컬 시푸드 식당이 싫은 여행자에게 딱 맞는 곳이다.

지도 p.15-H, 휴대지도 ●-8
주소 32-34 Trần Phú, Lộc Thọ, Tp. Nha Trang
전화 0258 3737 777
영업 06:30~14:00, 17:00~22:00
예산 마늘을 넣은 타이거새우튀김(8개) 24만 동, 크랩 미트 샐러드 12만 동 *인터컨티넨탈 호텔의 투숙객은 10% 요금 할인 혜택이 있다.
홈페이지 www.costaseafood.com.vn
교통 인터컨티넨탈 호텔 바로 옆에 있다.

프라이드 머드 크랩

그린 월드 레스토랑 Green World Restaurant

스프링 롤이 끝내주는 맛집

가게 이름이 'Cuốn Cuốn Rolls & BBQ'에서 'Green World'로 바뀌었다. 베트남 현지식과 양식을 판매하는 작은 가게로 옛 이름에서 느껴지듯이 스프링 롤이 끝내주는 맛집이다. 채소 스프링 롤부터 고기, 새우, 버섯 등 종류가 다양하다. 그중 인기 메뉴인 꾸온꾸온 스프링 롤(Cuon Cuon Spring Roll)은 우리나라에서 많이 먹는 월남쌈과 비슷하다. 갖가지 채소와 고기를 라이스페이퍼에 넣고 말아서 먹는 재미가 있다. 플레이팅이 화려하진 않지만 음식은 상당히 신선하고 위생적이다. 별다른 꾸밈이 없는 현지 식당으로 분위기가 대체적으로 조용하며 인테리어 또한 깔끔하다. 골목에 있어 한 번에 찾기가 어려우니 골목 입구에 있는 표지판을 먼저 확인하는 것이 좋다. 구글 지도에는 아직까지 'Cuốn Cuốn Rolls & BBQ' 로 표기되어 있으니 참고해서 찾아가보자.

지도 p.15–L, 휴대지도 ● –12
주소 3/9 Trần Quang Khải, Lộc Thọ, Tp. Nha Trang
전화 094 6350 427
영업 11:00~23:00
예산 꾸온꾸온 스프링 롤 7만 5,000동, 베이크드 립 12만 9,000동
교통 옌스에서 도보 2분

꾸온꾸온 스프링 롤

김치 식당 Kim Chi Restaurant

나트랑에서 가장 오래된 한식당

2003년에 오픈하여 지금까지 나트랑의 대표 한식당으로 자리 잡고 있다. 김치찌개부터 비빔밥, 미역국, 삼계탕, 잡채, 냉면, 삼겹살, 갈비, 파전 등 대부분의 한식을 맛볼 수 있다. 대표 메뉴는 김치찌개, 비빔밥과 삼겹살. 현지 택시기사도 한국 식당이라면 하나같이 김치 식당을 추천하곤 한다. 어느 여행지에 가더라도 한식당은 현지 물가에 비해 비싸며 호불호가 있는 편이니 타지에서 그리운 한식을 즐길 수 있다는 것에 의의를 두자.

지도 p.15-G, 휴대지도 ●-7
주소 82 Huỳnh Thúc Kháng, Tp. Nha Trang
전화 0258 3512 357
영업 월~금요일 09:00~21:30, 토~일요일 09:00~22:00
예산 돼지고기 김치찌개 11만 동, 물냉면 14만 동, 삼겹살 14만 동
홈페이지 www.kimchi-nhatrang.com
교통 쭝응우옌 레전드에서 도보 3분

스팀 앤 스파이스 Steam n' Spice

호텔에서 즐기는 깔끔한 중식

딤섬과 면 요리를 주로 내세우는 쉐라톤의 중식당. 사람이 붐비지 않아 조용하고 편안한 분위기에서 여유롭게 식사를 즐길 수 있다. 새우의 식감이 좋은 하가우와 같은 딤섬이 인기 메뉴이며, 바삭한 게살튀김도 맛있다. 상하이 덕과 완탕면, 대만식 치킨을 비롯한 중식부터 베트남 요리, 싱가폴 칠리 크랩, 한국식 잡채 등 대부분의 아시안 푸드를 다채롭게 제공한다. 호텔 레스토랑이다 보니 현지 물가에 비해 저렴하진 않다.

지도 p.15-D, 휴대지도 ●-4
주소 26-28 Trần Phú, Lộc Thọ, Tp. Nha Trang
전화 0258 3880 000
영업 11:00~14:30, 18:00~22:00
예산 게살튀김 9만 동(3개), 사오마이 8만 5,000동(4개)
홈페이지 www.sheratonnhatrang.com/steamnspice
교통 공항에서 차로 50분, 쉐라톤 호텔 2층에 있다.

바삭한 게살튀김

보고소브 버거 & 스테이크 Bogosov Burgers & Steaks

나트랑 수제 버거의 일인자

현지식이 질릴 때쯤 들르기 좋은 곳. 외국인이 운영하는 수제 버거 맛집으로 버거 외에 파스타, 샌드위치, 스테이크 등 다양한 메뉴가 있다. 메인은 100% 호주산 소고기를 사용하는 VIP 버거. 돼지고기와 치즈, 토마토소스, 양파 등이 조화를 이루는 빅 포크 버거(Big Pork Burger) 또한 인기 메뉴다. 인기의 비결은 다른 버거집에 비해 고기의 육질이 좋다는 점. 단, 치킨 버거는 바나나가 첨가되어 우리 입맛에는 맞지 않는 편이다. 신선한 채소로 만든 샐러드는 애피타이저로 먹기에 좋다.

지도 p.15-L, 휴대지도 ● -12
주소 79 Hùng Vương, Lộc Thọ, Tp. Nha Trang
전화 012 8957 2958
영업 08:00~12:00
예산 VIP 버거 16만 동, 빅 포크 버거 11만 동
홈페이지 www.bogosov.com
교통 리버티 호텔에서 도보 1분, 세일링 클럽에서 도보 5분

TIP

- VIP 버거는 스테이크처럼 패티의 굽기 정도를 조절할 수 있다.
- 아침 메뉴로 오믈렛, 스크램블, 잉글리시 & 아메리칸 브렉퍼스트 등을 제공한다.

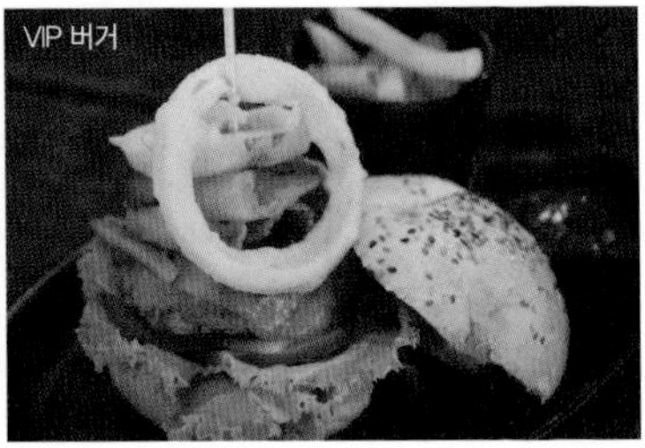
VIP 버거

아나 비치 하우스 Ana Beach House

비치와 풀장을 한눈에 즐기는 레스토랑

에바손 아나 만다라 리조트의 레스토랑으로 나트랑 비치와 풀장이 모두 보이는 뷰를 가지고 있어 인기가 많다. 투숙객들의 조식 식당 중 하나로 이용되며, 외부인도 이용 가능하다. 이른 아침인 6시 30분에 오픈하며 점심에는 피자, 파스타, 베트남 치킨볶음밥, 샐러드 등 비교적 가벼운 음식을 판매한다. 저녁에는 스테이크 외에 랍스터와 같은 시푸드 메뉴가 추가되어 운치 있는 분위기 속에서 다양한 음식을 즐길 수 있다.

지도 p.13-H
주소 Lộc Thọ, Tp. Nha Trang
전화 0258 3524 705
영업 06:30~22:30
예산 스파게티 19만 동, 시푸드 피자 19만 동
홈페이지 www.sixsenses.com/evason-resorts/ana-mandara/destination/news/ana-beach-house
교통 나트랑 센터에서 차로 5분, 에바손 아나 만다라 내에 있다.

스위스 하우스 Swiss House La Casserole

독특한 스위스 레스토랑

야외와 실내를 합쳐 테이블이 10개뿐인 작은 규모의 스위스 레스토랑. 스위스가 치즈로 유명한 나라인 만큼 스위스 치즈가 들어간 음식들이 특별 메뉴다. 감자튀김이 함께 나오는 스테이크 종류도 인기가 많다. 베트남 현지식은 판매하지 않지만 한국에서도 스위스 음식점은 쉽게 볼 수 없으니 새로운 음식을 맛보길 원하는 여행자들이라면 찾아가 보자.

지도 p.15-L, 휴대지도 ● -12
주소 36 Biệt Thự, Tân Lập, Tp. Nha Trang
전화 012 5771 7173
영업 10:00~14:00, 17:00~23:00
예산 감자튀김을 곁들인 스테이크 28만 5,000동
홈페이지 restaurant-lacasserole.webnode.com
교통 리버티 호텔에서 도보 3분

오스트레일리안 비프 스테이크

쿡북 카페 Coobook Cafe

나트랑 최고의 조식 뷔페

인터컨티넨탈 호텔 로비층에 있는 레스토랑 쿡북은 나트랑 최고의 조식 뷔페로 유명하다. 세련된 인테리어는 고급 호텔의 이미지에 어울리며, 오믈렛과 쌀국수 같은 즉석 요리는 손님의 자리에 직접 가져다주는 친절한 서비스를 제공한다. 조식 외에도 중식과 석식까지 언제든 식사를 즐길 수 있다. 베트남 음식을 비롯해 피자, 파스타, 그리스 음식까지 취향에 따라 선택의 폭이 넓은 것도 쿡북의 장점이다. 목~토요일 저녁(18:00~22:00)에는 시푸드 뷔페가 열려 조식만큼이나 많은 여행자들이 찾는다. 고급 호텔 레스토랑인 만큼 시내 시푸드 뷔페에 비해 질이 좋고 가격 또한 비싼 편이다.

지도 p.15-D, 휴대지도 ● -4
주소 32-34 Trần Phú, Lộc Thọ, Tp. Nha Trang
전화 0258 3887 777 영업 06:30~22:30
예산 조식 성인 49만 5,000동, 아동 27만 동 (투숙객은 조식 무료), 시푸드 뷔페 74만 동
*시푸드 뷔페는 24시간 전에 미리 예약하면 10% 할인이 적용된다.
홈페이지 http://nhatrang.intercontinental.com/cookbook-cafe
교통 공항에서 차로 50분, 인터컨티넨탈 호텔 내에 있다.

그릴 가든 Grill Garden

마음껏 골라 먹는 바비큐 시푸드 뷔페

입구에서 악어가 통째로 구워지고 있어 저절로 눈길이 가는 가게. 악어 통구이는 지금은 나트랑의 여러 시푸드 가게에서 볼 수 있지만 가장 먼저 이곳 그릴 가든에서 시작되었다. 최대 450명을 수용할 만큼 가게의 규모가 크고, 랍스터와 음료를 제외한 모든 시푸드를 무제한으로 즐길 수 있다. 1인 22만 동이라는 가격에 다양한 시푸드와 과일, 아이스크림과 같은 디저트까지 맛볼 수 있는 장점이 있다. 가리비, 새우, 오징어 등은 대체적으로 평이 좋지만 악어고기와 같은 고기류는 다소 아쉽다.

지도 p.15-L, 휴대지도 ● -12
주소 1호점 21 Biệt Thự, Lộc Thọ, Tp. Nha Trang
2호점 30A Nguyễn Thiện Thuật, Tân Lập, Tp. Nha Trang

전화 091 6079 077
영업 17:00~22:00
예산 무제한 뷔페 성인 22만 동, 아동 14만 동
홈페이지 www.facebook.com/grillgarden.nhatrang
교통 리버티 호텔에서 도보 1분

졸리비 Jollibee

필리핀 패스트푸드를 나트랑에서 맛보기

졸리비는 앙증맞은 벌을 마스코트로 내세운 필리핀의 패스트푸드 프랜차이즈이다. 주로 동남아 지역에서 찾아볼 수 있으며 베트남에 상륙하여 어린아이들에게 인기가 많다. 필리핀에서는 'Yum with Cheese'와 같은 햄버거와 치밥(치킨+갈릭라이스)이 주 메뉴지만 아쉽게도 베트남에는 햄버거의 종류가 그리 많지 않다. 우리에게 친숙한 롯데리아나 맥도날드와는 또 다른 패스트푸드의 맛을 느끼고 싶은 여행자라면 졸리비만 한 곳이 없다. 치킨 1조각과 스파게티가 포함된 세트 메뉴를 추천한다.

꿉마트 입점 매장 기준
지도 p.14-F, 휴대지도 ● -6
주소 Số 2 Lê Hồng Phong, Phường Phước Hải, Tp. Nha Trang

전화 0258 3875 353
영업 08:00~21:00
예산 N3 8만 동(스파게티+치킨+감자튀김+음료)
홈페이지 jollibee.com.vn
교통 롱선사에서 차로 5분, 꿉마트 3층에 있다.

N3(스파게티+치킨+감자튀김+음료)

BBQ 운인 BBQ ỦN ỈN

바비큐 립이 맛있는 현지 맛집

강이 보이는 도로변에 위치하고 있으며 여행자들보다 현지인들로 가득한 BBQ 맛집이다. 2015년 나트랑에 오픈했으며 그 인기에 힘입어 1년 후, 다낭 용다리 근처에 체인점을 열었다. 여러 메뉴 중에서도 특히 립이 우리 입맛에 잘 맞는 편. 우리나라의 프랜차이즈 레스토랑에서 먹는 것과 비슷한 맛을 느낄 수 있다. 세트를 주문하면 종류에 따라 사이드 메뉴 2~4가지를 고를 수 있기 때문에 다양한 음식을 골라 먹는 재미도 있다. 오후 5시에서 9시까지는 가게 기준 4km 거리 내에서 배달 서비스를 제공하니, 방문이 힘들다면 배달을 이용해 보자.

시그니처 BBQ 립

지도 p.15-C, 휴대지도 ● -3
주소 206 Đường 2 Tháng 4, Vạn Thạnh, Tp. Nha Trang
전화 0258 6548 485
영업 11:30~22:30
예산 시그니처 BBQ 립-하프 랙(Half Rack) 29만 5,000동(3가지 사이드 메뉴 선택 가능)
홈페이지 bbqunin.com
교통 덤 시장에서 도보 10분, 나트랑 센터에서 차로 5분

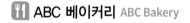

ABC 베이커리 ABC Bakery

빵 종류가 다양한 베트남 베이커리

베트남은 우리나라처럼 베이커리 전문 브랜드가 많지 않다. ABC 베이커리는 현지 베이커리 브랜드로 호찌민과 다낭 등 주요 도시에서 만날 수 있다. 현재 나트랑에는 2곳의 체인점이 있으며, 우리나라 베이커리만큼 다양한 빵을 판매하고 있다. 베트남식 샌드위치인 바인미도 이곳에서 맛볼 수 있다. 무엇보다 여행 중 누군가를 축하해 주기 위한 케이크가 필요할 때 반가운 곳이다.

나트랑 대성당 근처 매장 기준
지도 p.15-C, 휴대지도 ● -3
주소 78A Lý Thánh Tôn, P. Phương Sài, Tp. Nha Trang
전화 0258 3815 607
영업 06:00~22:00
예산 오렌지 머핀 2만 8,000동, 조각 케이크 3만 동~
교통 나트랑 대성당에서 도보 5분

꽁 카페 Cộng Càphê

여행자들이 택한 베트남의 대표 인기 카페

이미 하노이, 호찌민, 다낭 등 베트남의 주요 관광 도시에 오픈하여 여행자들 사이에서 유명한 현지 카페. 어느 한 지역의 인기 카페가 아닌 베트남의 대표 카페 중 하나다. 꽁 카페에서만 볼 수 있는 레트로 스타일의 베트남풍 인테리어와 함께 이색적인 분위기가 여행자를 이끈다. 이곳이 큰 인기를 얻고 있는 데는 무엇보다 주력 메뉴인 코코넛밀크 커피가 큰 몫을 하고 있다. 한 모금 마시기 시작하면 단번에 다 마셔 버리게 되는 달콤함과 시원함이 코코넛밀크 커피의 매력이다. 꽁 카페를 가보지 않은 사람은 있어도 한 번만 가본 사람은 없다는 말이 있을 정도.

베트남풍의 독특한 인테리어

지도 p.15-H, 휴대지도 ● -8
주소 27 Nguyễn Thiện Thuật, Tân Lập, Tp. Nha Trang
전화 043 7339 966
영업 07:00~23:30
예산 코코넛밀크 위드 커피스무디 4만 5,000동
교통 랜턴스에서 도보 1분

쭝응우옌 레전드 Trung Nguyên Legend

베트남 No.1 브랜드 카페

베트남 커피 최대 생산지인 닥락(Đăk Lăk) 지방의 부온마투옷에서 파생된 토종 커피 브랜드로, 현지인들로 항상 붐비는 유명 카페다. 쭝응우옌이 인기가 많은 이유는 베트남 현지에서 수확한 신선한 원두만 사용한다는 점이다. 나트랑에는 쭝응우옌 레전드라는 이름으로 3층짜리 건물을 모두 카페로 사용하고 있다. 안락한 공간에 쿠션이 있는 편안한 의자를 곳곳에 배치해 두어 느긋하게 쉬어 가기 좋다. 베트남 커피의 향과 맛을 제대로 음미하고 싶다면 까페핀(Cà Phê Phin)이라는, 베트남 방식의 드리퍼를 이용한 커피 메뉴를 추천한다. 카페 1층에서는 쭝응우옌 브랜드의 원두 및 G7과 같은 인스턴트커피를 판매한다.

지도 p.15-G, 휴대지도 ●-7
주소 148 Võ Trứ, Tân Lập, Tp. Nha Trang
전화 0258 3816 279
영업 07:00~22:00
예산 까페스어다 5만 9,000동, 카페라테 5만 5,000동
홈페이지 trungnguyen.com.vn
교통 김치 식당에서 도보 3분

우리나라 카페와 분위기가 비슷한 내부 인테리어

안 카페 An Cafe

현지인들의 아늑한 핫 플레이스 카페

외국인보다는 현지인들이 주로 찾는 아늑한 로컬 카페다. 외관만 보면 지나가다 흔히 보게 되는 평범한 건물이지만 안으로 들어가면 마치 숲속에 들어온 듯한 반전의 매력을 느낄 수 있다. 테이블과 의자, 지붕까지 온통 목재로 되어 있으며, 작지만 기다란 연못 같은 수족관이 있어 운치 있는 공간을 만든다. 또 뻥 뚫린 지붕 일부 사이로 새파란 하늘을 볼 수 있어 한층 더 마음이 편안해진다. 특별한 메뉴를 찾으러 들르기보다는 잠시 쉬어 가기 좋은 휴식 공간이다.

지도 p.15-G, 휴대지도 ●-7
주소 40 Lê Đại Hành, Phước Tiến, Tp. Nha Trang
전화 0258 3510 588 영업 06:30~22:00
예산 까페스어다 4만 5,000동, 카푸치노 4만 동, 티라미수 초콜릿케이크 3만 5,000동
홈페이지 www.facebook.com/ancafenhatrang
교통 나트랑 대성당에서 차로 5분, 김치 식당에서 도보 7분

자연과 호흡하는 아늑한 로컬 카페

아이스드 커피 Iced Coffee

나트랑 체인 카페

현재 나트랑에만 3곳이 있는 체인 카페. 쭝응우옌과 마찬가지로 닥락(Đăk Lăk) 지방에 커피 농장을 두고 있다. 우리나라의 프랜차이즈 카페와 분위기 및 메뉴가 흡사하여 친근하다. 라테, 마키아토, 모카 등 달콤한 커피가 많으며, 커피 외에 감자튀김이나 버거 같은 음식과 케이크류의 디저트도 판매하고 있다. 카푸치노가 베스트 메뉴인데, 아이스 카푸치노는 우리가 흔히 먹는 카푸치노와는 맛이 다르니 참고하도록 하자.

본점 기준
지도 p.15-L, 휴대지도 ●-12
주소 49 Nguyễn Thiện Thuật, Lộc Thọ, Tp. Nha Trang
전화 0258 2460 777
영업 07:00~22:30
예산 바닐라라테 5만 5,000동, 화이트초콜릿 모카 5만 5,000동
홈페이지 icedcoffee.vn
교통 꽁 카페에서 도보 2분

하이랜즈 커피 Highlands Coffee

대중적인 베트남 프랜차이즈 카페

수도 하노이에서 시작해 베트남 전역에 퍼져 있는 프랜차이즈 카페. 지금은 베트남에도 스타벅스가 하나둘씩 입점하고 있지만 한때는 하이랜즈 커피가 베트남의 스타벅스라는 별명을 가지고 있었다. 커피와 음료, 디저트, 바인미 등을 판매하며, 우리나라 프랜차이즈 카페의 분위기와 비슷해 친숙한 느낌이다. 주문 후 진동벨을 통해 직접 커피를 가져오는 방식도 동일하다. 현재 나트랑 센터와 롯데마트에 입점해 있으며 마트나 쇼핑센터에서 인스턴트 하이랜즈 커피도 자주 볼 수 있다.

까페스어다

나트랑 센터 매장 기준

지도 p.15–D, 휴대지도 ● –4
주소 20 Trần Phú, Lộc Thọ, Tp. Nha Trang
전화 0258 6261 999
영업 07:00~23:00
예산 아메리카노 4만 4,000동, 핀스어다 2만 9,000동
홈페이지 www.highlandscoffee.com.vn
교통 쉐라톤 호텔에서 도보 2분, 나트랑 센터 1층에 있다.

루남 비스트로 RuNam Bistro Nha Trang

유럽풍의 세련된 고급 카페

루남(Runam)이란 베트남 카페 브랜드에 속하는 루남 비스트로는 하노이와 다낭, 호찌민 등 베트남의 주요 도시에 위치한 세련된 고급 카페다. 다른 지역에서와 마찬가지로 나트랑의 루남 비스트로 또한 영화 속에 나올 듯한 유럽풍의 앤티크한 인테리어에 모던함이 더해졌다. 베트남의 느낌은 조금도 찾아볼 수 없을 정도로 이국적이다. 커피와 디저트를 메인으로 하는 카페이지만 식사류도 제공하는 레스토랑을 겸하고 있다. 가격은 현지 물가를 훌쩍 넘어 우리나라 커피 프랜차이즈 못지않다. 원두를 비롯한 기념품을 판매하고 있는데 루남 비스트로만의 황금색 까페핀이 인기가 많다.

지도 p.15–H, 휴대지도 ● –8
주소 32-34 Trần Phú, Lộc Thọ, Tp. Nha Trang
전화 0258 3523 186
영업 07:00~23:00
예산 까페스어다 6만 5,000동, 레드벨벳케이크 9만 동
홈페이지 caferunam.com
교통 인터컨티넨탈 호텔 바로 옆에 있다.

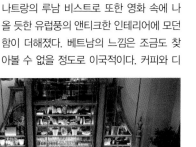

나트랑 센터 Nha Trang Center

나트랑 시내에서 가장 큰 쇼핑센터

나트랑 비치 맞은편의 특급 호텔들 사이에 있는 대형 쇼핑센터. 인근에 스트리트 마켓들이 있지만 시원하고 쾌적한 실내에서 식품이나 기념품을 구입하기에는 나트랑 센터가 딱이다. 푸드코트와 KFC 등이 있어 쇼핑과 함께 식사를 해결하기에도 좋다. 대부분의 여행자들이 나트랑 센터를 찾는 이유는 3가지로 요약할 수 있다. 시내에서 환전을 하거나 2층에 있는 시티마트(Citimart)에서 쇼핑을 하거나 코코넛 마사지에서 발 마사지를 받기 위해서다. 규모가 크고 누구나 아는 장소여서 시내와 다소 거리가 있는 외부 리조트들의 픽업 장소로 이용되기도 한다.

지도 p.15-D, 휴대지도 ●-4
주소 20 Trần Phú, Tp. Nha Trang
전화 0258 6261 999
영업 09:00~22:00
홈페이지 nhatrangcenter.com
교통 쉐라톤 호텔에서 도보 2분

TIP

- 나트랑 센터 입구 옆에 있는 남아 뱅크(NAM A BANK)에서 환전이 가능하다.
- 코코넛 마사지에서 무료로 짐 보관 서비스를 제공하므로 쇼핑할 때 편리하다.

나트랑 센터 1층 남아 뱅크

시티마트 옆 코코넛 마사지

롯데마트 Lotte Mart

한국인 여행자에게 반가운 대형 마트

외관마저 우리나라의 롯데마트와 흡사한 대형 마트다. 베트남에서는 롯데마트 나트랑 지점이 13번째로 오픈했을 만큼 인기가 많다. 1층에는 롯데리아와 한국 고기집인 고기하우스, 베트남 커피 브랜드인 하이랜즈 커피 등과 함께 우리나라와 동일한 규모의 마트가 있다. 2층에서는 생활용품과 가전제품, 의류 등을 판매한다. 우리나라 마트인 만큼 국내에서 구입할 수 있는 대부분의 식료품은 이곳에서 구할 수 있다. 시내에서 조금 떨어진 롱선사 근처에 있으므로 택시를 이용하는 것이 편리하다.

지도 p.14-A, 휴대지도 ● -1
주소 Số 58 Đường 23 Tháng 10, Phương Sơn, Tp. Nha Trang
전화 0258 3812 522 영업 08:00~22:00
홈페이지 lottemart.com.vn
교통 나트랑 센터에서 차로 13분

야시장 Chợ Đêm

활기 넘치는 야시장

기다란 골목의 양쪽으로 수많은 상점들이 들어서 있는 야시장. 나트랑에서 살 수 있는 모든 것이 이 골목에 있다고 해도 과언이 아닐 만큼 많은 상품이 있다. 어느 야시장에서나 볼 수 있는 냉장고 자석부터 알록달록한 등, 슬리퍼, 핸드메이드 가방, 의류, 견과류, 커피, 아오자이까지 다양하다. 물품을 판매하는 상점들 사이로 아이스크림과 음료를 파는 가게와 로컬 식당들도 있다. 특별히 구입해야 할 무언가가 있다기보다는 시끌벅적한 분위기와 함께 현지인과 관광객들 사이에서 이것저것 구경하는 재미가 있는 곳이다. 정찰제가 아니므로 흥정은 필수.

지도 p.15-H, 휴대지도 ● -8
주소 Chợ Đêm, Lộc Thọ, Tp. Nha Trang
교통 쩜흐엉 타워에서 도보 3분

덤 시장 Chợ Đầm

현지 느낌이 물씬 풍기는 재래시장

나트랑에서 가장 큰 재래시장으로 현지인들의 삶을 깊숙이 들여다볼 수 있는 곳 중 하나다. 현지인들에게는 저렴하게 물품을 구입할 수 있는 시장이지만 여행자들은 베트남어를 모르면 제값에 구입하는 건 불가능할지도 모른다. 또 여행자들을 위한 깔끔한 시설이나 안내판 같은 것도 전혀 찾아볼 수 없다. 생각보다 규모가 훨씬 커서 판매하는 물건들과 구입하는 현지인들을 구경하는 것만으로도 흥미로운 시장이다. 한 바퀴 돌다 보면 현지인들이 살고 있는 작은 골목으로 이어지기도 한다. 해가 지기 전에 문을 닫아 인적이 드물어지므로 그전에 둘러보는 것을 권한다.

지도 p.15-C, 휴대지도 ●-3
주소 Vạn Thạnh, Tp. Nha Trang
영업 07:00~18:00
교통 락까인에서 도보 5분

꼽마트 Co.opmart

베트남 남부 지방에 가장 많은 마트

꼽마트는 베트남 남부의 웬만한 지방에서 쉽게 찾아볼 수 있는 중형 마트다. 현지인들이 자주 찾는 마트라 의류나 판매하는 물품들도 현지인에 최적화되어 있다. 식료품 마트와 의류 매장, 오락 시설 등을 갖추고 있으며 필리핀의 패스트푸드 브랜드인 졸리비가 입점해 있다. 나트랑의 맛집 및 관광지와 좀 떨어져 있고, 롱선사와 가까운 편이나 롱선사 근처에 꼽마트보다 큰 롯데마트가 있어 여행자들이 많이 찾지는 않는다.

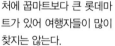

지도 p.14-F, 휴대지도 ●-6
주소 02 Đường Lê Hồng Phong, Phường Phước Hải, Tp. Nha Trang
전화 0258 3875 777 영업 08:00~22:00
홈페이지 www.co-opmart.com.vn
교통 롱선사에서 차로 5분

K마켓 K-Market

시내에서 한인 물품을 구할 수 있는 편의점

한인 물품을 구입하고 싶은데 롯데마트까지 가기는 힘들고, 나트랑 센터는 사람이 많아 싫다면 K마켓이 정답이다. 시내에 있는 마사지 가게인 데이지 스파의 맞은편에 위치하고 있어서 숙소가 시내라면 걸어서도 충분히 갈 수 있다. 우리나라의 편의점 정도 규모에 사람들로 붐비지 않아 편하게 필요한 물건을 살 수 있는 게 장점이다. 가게의 규모는 작아도 라면부터 과자, 음료, 김치까지 없는 게 없을 정도.

지도 p.15–L, 휴대지도 ● –12
주소 59 Nguyễn Thiện Thuật, Tp. Nha Trang
전화 0258 3529 898
영업 08:00~23:00
홈페이지 www.kmartnhatrang.com
교통 데이지 스파 맞은편에 있다.

규모는 작지만 없는 게 없는 한국 편의점

빅C 나트랑 Bic C Nha Trang

베트남의 보편적인 대형 마트

현지 대형 마트로 베트남 전국에 35개의 매장이 분포되어 있다. 나트랑에 있는 다른 대형 마트와 비교하자면 나트랑 센터가 제일 크고 접근성이 좋아 여행자들이 가장 많이 찾으며, 두 번째가 롯데마트, 그 다음이 빅C, 마지막으로 꼽마트 정도다. 빅C에는 패스트푸드점인 롯데리아와 졸리비, 현지 의류 매장과 마트, 게임 센터 등이 입점해 있다. 현지 물품은 로컬 마트답게 저렴하지만 롯데마트에서 도보로 10분 정도 더 가야 하기 때문에 접근성이 떨어진다.

지도 p.14–A, 휴대지도 ● –1
주소 Lô Số 4, Đường 19/5, Khu Đô Thị Vĩnh Điềm Trung, Xã Vĩnh Hiệp, Tp. Nha Trang
전화 0258 3894 888 영업 08:00~22:00
홈페이지 www.bigc.vn/store/big-c-nha-trang
교통 롯데마트에서 도보 10분, 나트랑 센터에서 차로 10분

아이리조트 I-Resort

깨끗한 시설로 만족도가 높은 머드 온천

아이리조트는 탑바 스파 가까이에 위치하고 있다. 나트랑의 유명 머드 온천 중 가장 오래된 탑바 스파와는 달리, 아이리조트는 깨끗한 위생 상태와 시설을 갖추고 있어 만족도가 높다. 또 아이들이 좋아할 만한 워터슬라이드가 있는 워터파크도 아이리조트의 장점이다. 함께 입장하는 인원에 따라 욕조 사이즈가 달라지므로 넉넉한 공간에서 머드 온천을 즐길 수 있으며, 다른 이용객들과 섞이지 않게 개인 욕조를 쓸 수 있다. 티켓 구매 시 머드 온천과 수영장을 모두 이용할 수 있고, 다른 온천들과 달리 타월이 무료로 제공된다. 식사를 할 수 있는 레스토랑도 있다.

지도 p.13–H
주소 Tổ 19, Thôn Xuân Ngọc, Vĩnh Ngọc, Tp. Nha Trang
전화 0258 3838 838
영업 07:00~20:00(티켓 구입 18:00 마감)
예산 30만 동(머드 온천 20분+수영장, 타월 포함), 워터파크 이용 시 3만 동 추가
홈페이지 www.i-resort.vn
교통 나트랑 센터에서 뽀나가 탑 방면으로 차로 15분

탑바 스파 Tháp Bà Spa

나트랑 머드 온천의 시작점

탑바 온천은 나트랑에서 이름난 머드 온천 중 가장 오래된 곳으로 현지인에게 잘 알려져 있다. 생긴 지 오래된 탓에 다른 머드 온천들에 비해 시설이 낙후된 느낌은 있지만 한편으로는 현지의 분위기를 가장 잘 느낄 수 있는 곳이기도 하다. 다른 이용객들과 함께 사용하는 다인용 욕조에서 머드 온천을 체험하면 요금이 가장 저렴하고 1인용 혹은 일행끼리만 욕조를 사용할 경우에는 요금이 비싸진다.

지도 p.13–H
주소 15 Ngọc Sơn, Ngọc Hiệp, Tp. Nha Trang

전화 0258 3835 335
영업 07:00~19:30
예산 다인용 18만 동, 1인용 55만 동
홈페이지 tambunthapba.vn
교통 나트랑 센터에서 뽀나가 탑 방면으로 차로 15분

TIP

- 반드시 단독으로 욕조를 이용해야 하는 게 아니라면 다인용 머드 온천을 택하도록 하자. 탑바 스파는 1인용, 2인용, 4인용 등 독립적인 욕조 공간을 이용하면 다른 머드 온천에 비해 요금이 비싸진다.
- 수영복, 타월 대여 비용은 별도이다. 수영복 대여 1만 동, 타월 대여 1만 동, 로커 룸 보증금 2만 동(퇴실 시 돌려받음).

100 에그 100 Eggs

달걀 모양이 인상적인 머드 온천 테마파크

나트랑의 여러 머드 온천과는 다른 독특한 분위기로 인기를 끌고 있는 곳. 100 에그라는 이름에 걸맞게 온천 입구부터 귀여운 달걀과 닭 모형이 세워져 있고, 온천 안으로 들어가서도 달걀 모양의 재미있는 구조물을 쉽게 찾아볼 수 있다. 개인 온천탕마저 달걀 모양으로 되어 있어서 아이들의 시선을 사로잡는다. 내부에서 전동차를 운영할 만큼 규모가 큰 편이며, 따뜻한 자쿠지 풀장과 폭포, 레스토랑, 스파, 수영장 등 머드 온천이 아니더라도 즐길 거리가 꽤나 풍부하다. 또 여유 있게 쉬어 갈 수 있도록 숙박 시설을 제공하고 있다. 숙소는 반나절만 이용할 수도 있어서 좀 더 저렴한 가격에 쉬어 갈 수 있다. 수영복과 타월 대여 비용은 별도로 지불해야 한다. 수영복은 여성 2만 동, 남성 1만 동이며, 타월은 1만 동.

지도 p.13-H
주소 Nguyễn Tất Thành, Tp. Nha Trang
전화 0258 3711 733
영업 08:00~19:00
예산 Egg Mud Bath 30만 동, Rock Mud Bath 25만 동
홈페이지 tramtrung.vn
교통 나트랑 센터에서 공항 방면으로 차로 20분

센 스파 Sen Spa

선호도가 높은 로컬 마사지 가게

트립어드바이저에서 나트랑 로컬 마사지 가게 중 가장 랭킹이 높은 곳. 그만큼 여행자들의 발길이 끊이지 않아 현재는 1호점 가까이에 2호점을 오픈하여 영업하고 있다. 러시아인, 중국인, 한국인까지 다양한 여행자들이 찾는 센 스파는 섬세한 마사지가 장점이다. 마사지 종류를 먼저 선택한 후, 선호하는 부위들과 마사지의 세기를 사전에 결정하여 최대한 여행자가 원하는 마사지 스타일에 맞추도록 노력한다. 부드럽고 무난한 마사지를 원한다면 오일 마사지가 포함된 타이 마사지를 추천한다. 인기가 많은 곳이니만큼 사전 예약은 필수. 나트랑 대성당에서 멀지 않으므로, 관광 후 마사지를 받는 일정을 추천한다.

지도 p.15-C, 휴대지도 ● -3
주소 05 Lý Thánh Tôn, Vạn Thạnh, Tp. Nha Trang
전화 090 8258 121
영업 09:00~20:30
예산 타이 마사지 39만 동(70분), 베트남 전통 마사지 30만 동(60분)
홈페이지 www.senspanhatrang.com
교통 나트랑 대성당에서 도보 6분

남사오 스파 Nam Sao Spa

서비스가 좋은 깔끔한 스파

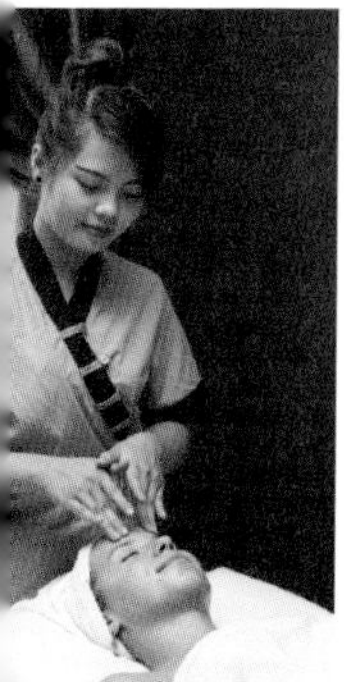

상호인 'Nam Sao'는 베트남어로 5성급 서비스를 의미하며 가게 이름처럼 친절한 서비스를 지향한다. 서양인이 운영하고 있어 영어로 원활한 의사소통이 가능하고 한국어로 된 메뉴판도 있어 불편함이 없다. 베트남 전통 마사지와 스톤 마사지가 인기가 많으며 2명의 세러피스트가 해주는 포핸드 마사지도 이색적이다. 제대로 피로를 풀고 싶다면 전신 마사지와 발 마사지, 사우나까지 약 3시간에 걸친 마사지 패키지를 이용해 보자.

지도 p.15-L, 휴대지도 ● -12
주소 140 Hùng Vương, Quân Trấn, Tp. Nha Trang
전화 097 6408 051
영업 10:00~22:00
예산 베트남 전통 마사지 30만 동(60분), 핫 스톤 마사지 38만 동(60분)
홈페이지 www.facebook.com/namsaospanhatrang
교통 리버티 호텔에서 도보 1분, 믹스 레스토랑 맞은편에 있다.

코코넛 풋 마사지 Coconut Foot Massage

나트랑 센터의 발 마사지 전문점

코코넛 풋 마사지는 나트랑 쇼핑의 중심인 나트랑 센터 내 시티마트 옆에 있다. 발 마사지와 전신 마사지 모두 가능하지만 가게 이름처럼 발 마사지가 메인이다. 메뉴 중에서도 라벤더 오일보다는 코코넛 오일로 하는 발 마사지의 만족도가 높은 편. 베트남 물가에 비하면 가격은 저렴하지 않다. 가게가 위치한 나트랑 센터는 워낙 유동 인구가 많은 곳이고 인지도가 높기 때문에 기다리지 않으려면 사전에 예약을 하는 것이 좋다. 특히 한국 여행자들이 많이 찾는 마사지 가게여서 한글 안내판이 있으며, 직원들도 간단한 한국어를 사용한다.

지도 p.15-D, 휴대지도 ●-4
주소 20 Trần Phú, Tp. Nha Trang
전화 0258 6258 661
영업 09:00~23:00
예산 발 마사지 30만 동(60분)
교통 나트랑 센터 2층 시티마트 옆에 있다.

TIP 코코넛 풋 마사지에서는 마사지를 받지 않아도 무료로 짐 보관 서비스를 제공하므로 나트랑 센터에서 시간을 보낼 계획이라면 이곳에 짐을 맡겨두는 것도 좋다. 이용 시간은 09:00~22:00.

퓨어 베트남 뷰티 & 스파 Pure Vietnam Beauty & Spa

마사지와 뷰티 케어, 왁싱까지

마사지뿐만 아니라 매니큐어, 페디큐어, 왁싱까지 다양한 뷰티&스파 서비스를 제공한다. 퓨어 스파에서 제공하는 특별한 체험으로는 설탕 보디 스크럽과 달콤한 초콜릿을 이용한 초콜릿 전신팩이 있다. 2시간 30분 패키지에는 마사시와 함께 설탕 보디 스크럽, 초콜릿 전신팩이 모두 포함되므로 한 번에 체험해 볼 수 있다. 커플을 위한 패키지로는 무려 5시간 동안 스크럽과 마사지, 사우나, 샤워 등을 제공하는 VIP 패키지가 있는데 긴 시간만큼이나 가격 또한 비싸다.

지도 p.15-D, 휴대지도 ●-4
주소 14 Ngô Quyền, Xương Huân, Tp. Nha Trang
전화 0258 3810 010
영업 09:00~21:00
예산 2시간 30분 패키지 89만 동(할인가, 설탕 보디 스크럽+초콜릿 전신팩+로미로미 마사지)
홈페이지 purevietnam.com.vn
교통 알렉상드르 예르생 박물관에서 도보 5분

데이지 스파 Daisy Spa

여행자 거리의 아늑한 마사지 가게

한인 물품을 판매하는 K마켓 맞은편에 있는 데이지 스파는 규모는 크지 않지만 아늑하고 깔끔하다. 시내와의 접근성이 좋은 탓에 쉽게 찾을 수 있는 장점이 있다. 혹시 길을 못 찾는다고 해도 가까운 시내에서 제공되는 무료 픽업 서비스를 이용하면 된다. 마사지 종류는 타이 마사지부터 스웨디시 마사지, 보디 스크럽, 페디큐어 등 종류가 다양하다. 그중 베트남 허벌 마사지가 데이지 스파의 주력 마사지이다.

지도 p.15-L, 휴대지도 ●-12
주소 34/6 Nguyễn Thiện Thuật, Tân Lập, Tp. Nha Trang
전화 0258 3524 565
영업 09:00~22:00
예산 베트남 허벌 마사지 56만 7,000동(90분)
교통 K마켓 맞은편에 있다.

좁은 골목에 위치한 입구

라운지 마사지 Lounge Massage

한국 여행자를 위한 최신 시설 완비

한국인이 운영하는 곳으로, 2017년 하반기에 오픈한 6층 규모의 깔끔한 마사지 전문점. 한국어가 가능한 직원이 손님들을 맞이하며, 마사지 종류와 가격이 적힌 메뉴판이 한글로 되어 있어서 편하게 이용할 수 있다. 마사지 기본요금에 팁이 포함되어 있어 팁에 대해 부담을 가질 필요는 없지만 그래도 지불하길 원한다면 5만 동 정도가 적당하다. 다른 마사지점과의 차이점은 아이들을 위한 키즈 마사지 메뉴가 따로 있다는 것. 숙소 체크아웃 후 여행자들이 관광을 편하게 즐길 수 있도록 짐 보관 서비스도 제공한다.

지도 p.15-K, 휴대지도 ●-11
주소 114 Nguyễn Thị Minh Khai, Phước Hòa, Tp. Nha Trang
문의 카카오톡 ID lounge77
영업 10:00~22:00
예산 아로마 마사지 44만 3,000동(60분), 키즈 마사지 34만 3,000동(60분)
교통 꽁 카페에서 도보 8분

앨티튜드에서 바라본 아름다운 나트랑 야경

앨티튜드 Altitude

쉐라톤 호텔 스카이라운지

최고층인 28층에서 270도 파노라믹 뷰로 나트랑 비치와 시내의 전망을 모두 만끽할 수 있는 스카이라운지. 하바나 호텔에 스카이라이트가 있다면 쉐라톤엔 앨티튜드가 있다. 스카이라이트는 젊은 층이 북적이고 클럽 느낌이 강한 반면, 앨티튜드는 조용히 야경을 즐기며 칵테일 한잔과 함께 하루 일정을 마무리하기에 좋다. 소파와 롱 테이블도 있어 단체 여행자들이 와도 충분히 소화할 수 있다. 늦은 밤의 분위기도 좋지만, 해 질 녘 일몰을 바라보기에 좋은 포인트이기도 하다.

지도 p.15-D, 휴대지도 ●-4
주소 26-28 Trần Phú, Lộc Thọ, Tp. Nha Trang
전화 0258 3880 000 영업 17:00~23:00
예산 미드나이트 마티니 12만 8,000동, 스트로베리 모히토 12만 동
홈페이지 www.sheratonnhatrang.com/altitude
교통 공항에서 차로 50분

세일링 클럽 Sailing Club

비치 클럽과 레스토랑을 겸한 핫 플레이스

나트랑에서 가장 핫한 나이트 문화를 즐길 수 있는 곳. 나트랑 비치를 끼고 있는 비치 클럽이자 레스토랑과 바까지 함께 운영하여 취향대로 즐길 수 있다. 레스토랑은 인터내셔널 푸드부터 인도, 베트남 요리까지 메뉴가 다채롭다. 해가 지고 밤 10시가 넘어가면 본격적인 클럽 분위기가 형성된다. 비치 테이블을 포함한 레스토랑의 공간에서 식사를 즐기다가 클럽 분위기가 형성되면 하나둘씩 일어나 리듬에 몸을 맡긴다. 춤을 추기보다 구경하면서 분위기를 즐기고 싶다면 입구 쪽에 있는 비치 라운지로 향하자. 리조트에서 흔히 볼 수 있는 침대소파를 나란히 배치하여 누워서 쉴 수 있는 공간을 마련해 두었다.

신나는 비치 클럽

편히 쉴 수 있는 침대소파 공간

지도 p.15-L, 휴대지도 ●-12
주소 72-74 Trần Phú, Vĩnh Nguyên, Tp. Nha Trang
전화 0258 352 4628 영업 10:00~02:00
예산 세일링 비프 버거 27만 동, 램 코코넛 카레 22만 동, 샌들스 셰프 샐러드 29만 동
홈페이지 www.sailingclubnhatrang.com
교통 시내의 나트랑 비치 라인에 위치. 루이지애나에서 도보 5분

루이지애나 브루하우스 Louisiane Brewhouse

나트랑 제1의 수제 맥주 전문점

나트랑의 나이트라이프를 즐길 만한 대표적인 가게 중 하나다. 입구에는 '우리는 수제 맥주를 전문으로 한다'고 말하는 듯한 거대한 맥주통이 놓여 있다. 안으로 들어서면 가게 중앙에 넓은 수영장이 있고, 근처에 포켓볼을 칠 수 있는 공간이 마련되어 있다. 나트랑 비치와도 연결되어 야외 테이블 활용이 가능하다. 판매하는 맥주의 종류로는 고정 메뉴인 필스너(Pilsener), 다크 라거(Dark Lager), 밀 맥주 윗비어(Witbier), 윗비어에 패션프루트가 더해진 패션 비어가 있고, 그 외 시즌 메뉴로 레드 에일, 크리스털 에일, 스페셜 비어 등이 있다. 루이지애나는 맥주가 메인이긴 하지만 안주와 식사 또한 맛이 뛰어나다. 저녁에는 라이브 밴드의 공연이 열려 맥주와 함께 흥겨운 시간을 보낼 수 있다.

지도 p.15-L, 휴대지도 ●-12
주소 29 Trần Phú, Vĩnh Nguyên, Tp. Nha Trang
전화 0258 3521 948
영업 08:00~00:30
예산 테이스팅 트레이 12만 5,000동, 맥주(패션 비어 제외) 330ml 4만 5,000동, 600ml 8만 동
홈페이지 www.louisianebrewhouse.com.vn
교통 옌스에서 도보 8분

수제 맥주 전문임을 알려주는 거대한 맥주통

TIP

- 여러 가지 맥주를 한 번에 맛보고 싶다면 테이스팅 메뉴인 테이스팅 트레이(Tasting Tray)를 주문하자. 각 200ml씩 4가지 맥주를 한 번에 맛볼 수 있어 가장 인기가 많은 메뉴이다. 제공되는 맥주는 필스너, 다크 라거, 윗비어와 시즌에 따라 레드 에일, 크리스털 에일, 스페셜 비어 중 하나다.

- 08:00~17:00에는 수영장을 무료로 이용할 수 있다.

스카이라이트 Skylight

360도 전망의 루프톱 바

프리미어 하바나 호텔의 루프톱에 위치한 스카이라이트는 바(Bar) 겸 클럽으로, 여행자들에게는 하바나 호텔보다 더 유명하다. 스카이라이트가 다른 루프톱과 다른 점은 360도로 동그랗게 스카이덱이 설치되어 있어 한 바퀴 쭉 돌면서 바다와 시내를 모두 둘러볼 수 있다는 것이다. 그 어느 루프톱보다 사진을 촬영하기에 좋은 장소다. 저녁이 깊어 갈수록 클럽 분위기가 형성되면서 나트랑의 밤을 더욱 뜨겁게 만든다.

지도 p.15-H, 휴대지도 ● -8
주소 38 Trần Phú, Lộc Thọ, Tp. Nha Trang
전화 0258 3889 999
영업 360° 스카이덱 08:00~14:00, 16:30~24:00
루프톱 비치 클럽 16:30~24:00
예산 입장료 25만 동(음료 1잔 포함)
홈페이지 havanahotel.vn/product-detail/415
교통 쩜흐엉 타워에서 도보 5분

와이 낫 바 Why Not Bar

러시아 여행자들이 자주 찾는 바

여행자 거리에 있으며, 현지인이나 아시아인들보다 러시아 여행자를 비롯한 유럽인들로 가득하다. 실내와 야외 공간이 모두 마련되어 있으나 내부의 음악 볼륨이 제법 큰 편이고, 늦은 시간이면 춤을 추는 여행자들이 많으므로 시끄러운 분위기를 싫어한다면 야외 공간을 추천한다. 부담 없이 시내에서 가볍게 한잔하며 이야기 나누기에 좋은 장소다.

지도 p.15-L, 휴대지도 ● -12
주소 26 Trần Quang Khải, Lộc Thọ, Tp. Nha Trang
전화 0258 3811 652
영업 06:00~03:00
예산 모히토 8만 동, 생과일주스(레몬) 3만 동
교통 세일링 클럽에서 시내 방면으로 도보 5분

Stopover in Ho Chi Minh

스톱오버 여행자를 위한

Just go 핵심 호찌민

호찌민 입국 절차 및 이동 방법 140

호찌민 추천 코스 142

호찌민 관광 146

호찌민 호텔 & 호스텔 155

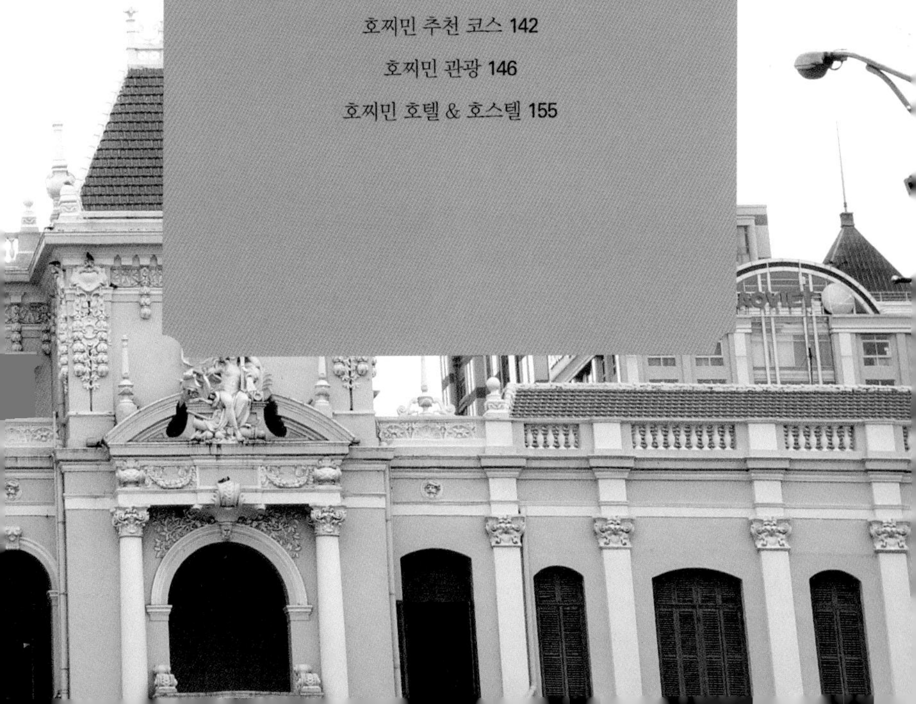

호찌민 입국 절차 및 이동 방법

호찌민을 경유하여 나트랑으로 가는 방법은 호찌민 여행을 즐긴 후에 나트랑으로 이동하는 것과 곧바로 경유하여 나트랑 여행에 집중하는 것으로 나뉜다. 경유 시간이 반나절 이상이거나 스톱오버를 신청했다면 입국 후 시내로 이동하여 관광을 마친 후 다시 공항으로 돌아오는 방법을, 경유 시간이 짧은 경우에는 바로 국내선 터미널로 이동하여 나트랑으로 바로 가는 방법을 알아보자.

경유 시간이 반나절 이상인 경우

Step 1. 공항 도착

● 입국일 기준 15일 체류 무비자 대상

떤선녓(Tân Sơn Nhât) 국제공항에 도착하면 비행기에서 내려 입국장으로 이동한 후 입국 심사를 받는다.

● 도착 비자 발급 대상(15일 이상 체류 또는 30일 이내에 베트남 재방문)

'LANDING VISA'라고 적힌 표지판을 따라 이동하여 도착 비자를 발급받은 후 입국 심사를 받는다. 호찌민에서 비자를 받았다면 나트랑에서는 따로 비자를 받을 필요가 없다. 도착 비자 신청 방법 및 서류 작성은 p.50 참고.

Step 2. 입국 심사

입국 심사를 받기 위해 줄을 서서 기다렸다가 자기 차례가 오면 여권을 제시하고 입국 심사를 받는다. 출입국 카드를 비롯한 입국 서류가 없기 때문에 여권만 제시하면 된다. 참고로 여권은 입국일 기준으로 유효 기간이 6개월 이상 남아 있어야 한다. 또한 만 14세 미만의 자녀가 부모 중 아빠가 아닌 엄마와 둘이서 입국할 때는 가족 증빙 서류로 영문 주민등록등본을 지참해야 한다. 엄마와 동반 자녀의 성이 다르기 때문에 검사하는 경우가 간혹 있다.

Step 3. 수하물 찾기

국내선으로 갈아타려면 국내선 터미널로 이동해야 하기 때문에 짐을 반드시 찾아야 한다.

Step 4. 세관 신고

짐을 찾은 후 따로 세관에 신고할 물품이 없다면 곧바로 문밖으로 나가면 된다. 만약 미화 5,000US$ 혹은 300g 이상의 보석을 소지하였다면 세관에 반드시 신고해야 한다.

Step 5. 공항을 나온 후 시내로 이동

● 택시로 이동

경유편 여행자는 시간적인 여유가 없으므로 택시를 이용하는 걸 추천한다. 택시는 하얀색 비나선 택시와 녹색 마이린 택시를 이용하자. 시내까지는 25분 정도 소요되며, 요금은 약 20만 동이다. 만약 택시기사가 목적지를 모를 경우 주소를 알려주면 된다. 주소 하나만 알아도 호찌민 택시기사들은 길을 잘 찾아간다.

비나선 택시 전화 028 3827 2727
마이린 택시 전화 028 3838 3838

비나선 택시

마이린 택시

● 버스로 이동

공항에서 벤타인 시장으로 가는 152번 버스를 탈 수 있다. 벤타인 시장까지 약 50분 소요되며 요금은 5,000동이다. 짐이 많을 경우 추가 요금을 지불해야 한다.

Step 6. 호찌민 여행 후 국내선 터미널로 이동

가급적 택시를 이용해 공항으로 이동하자. 국제선 터미널과 국내선 터미널이 나란히 있기 때문에 택시기사에게 목적지가 국내선 터미널임을 확실히 알려 주어야 한다.

Step 7. 국내선 터미널에서 체크인

출발 로비에서 체크인을 한 다음 예정된 출발 게이트에서 여유 있게 기다린다. 국내선 항공의 출발 게이트가 자주 변동되므로 수시로 확인하는 건 필수.

TIP 스톱오버(Stopover)란?

경유지에서 24시간 이상 단기 체류하는 경우를 말한다. 티켓 구매 시 신청 가능하며, 구매 후에 신청하면 추가 요금이 요구되기도 한다. 상황에 따라 스톱오버의 가능 여부가 달라지므로 해당 항공사에 확인해야 한다.

경유 시간이 짧은 경우

Step 1~4. 경유 시간이 반나절 이상인 경우와 동일

Step 5. 국제선 터미널을 나와 국내선 터미널로 이동

국제선 터미널의 문밖으로 나와 오른쪽으로 걷다 보면 버거킹이 보인다. 버거킹을 지나 3~5분 정도 걸으면 국내선 터미널에 도착한다.

Step 6. 국내선 터미널에서 체크인

출발 로비에서 체크인을 한 다음 예정된 출발 게이트에서 여유 있게 기다린다. 국내선 항공의 출발 게이트가 자주 변동되므로 수시로 확인하는 건 필수.

호찌민 추천 코스

호찌민을 경유하여 나트랑으로 가는 여행자는 짧다면 짧고 길다면 긴 여유 시간을 어떻게 보내야 할지 고민이 많을 것이다. 처음부터 호찌민을 여행할 목적으로 스톱오버를 신청했다면 1일 코스와 1박 2일 코스를, 경유편 대기 시간이 반나절 이상이라면 반나절 코스를 참고하여 호찌민의 핵심 관광지를 알차게 둘러보자.

추천 코스 1 반나절 코스

출발 → 노트르담 성당 → (도보 1분) → 중앙 우체국 → (도보 5분) → 전쟁 박물관 → (도보 8분) → 통일궁 → (도보 10분) → 인민위원회 청사 → (도보 8분) → 벤타인 시장 → (택시 25분) → 국내선 공항으로 이동

노트르담 성당

추천 코스 2 1일 코스

출발 → 노트르담 성당 → (도보 1분) → 중앙 우체국 → (도보 5분) → 전쟁 박물관 → (도보 8분) → 통일궁 → (도보 6분) → 호찌민시 박물관 → (도보 4분) → 인민위원회 청사 → (도보 8분) → 벤타인 시장 → (도보 4분) → 사이공 스퀘어 → (도보 15분) → 여행자 거리 (데탐 & 부이비엔) → (택시 30분) → 국내선 공항으로 이동

인민위원회 청사

추천 코스 3 1박 2일 코스

1DAY

출발 → 전쟁 박물관 → (도보 8분) → 통일궁 → (도보 6분) → 중앙 우체국 → (도보 1분) → 노트르담 성당 → (도보 7분) → 인민위원회 청사 → (도보 4분) → 호찌민시 박물관 → (도보 13분) → 비텍스코 타워 전망대 → (도보 16분) → 여행자 거리 (데탐 & 부이비엔)

2DAY

출발 → 사이공 스퀘어 → (도보 4분) → 벤타인 시장 → (택시 20분) → 쩌런 → (택시 25분) → 국내선 공항으로 이동

1 비텍스코 타워가 보이는 호찌민 야경 2 여행자 거리 3 벤타인 시장

TIP 추천 코스 활용 방법

- 추천 코스를 기반으로 각자의 취향에 맞게 일정을 다듬어 보자.
- 맛집 및 카페는 호찌민 관광 챕터에 소개된 관광지 주변 스폿들을 참고하자.
- 구글 맵을 이용하면 추천 코스를 확인하거나 일정 변경 시 동선을 파악하기 쉽다.

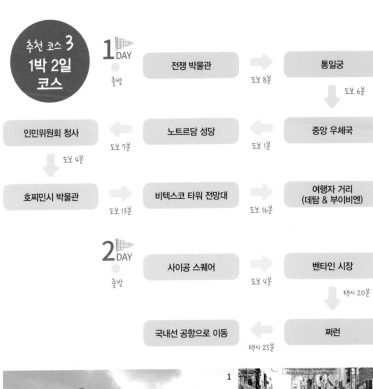

호찌민
Ho Chi Minh
0
500m
N
떤선녓 국제공항 방향
Tân Sơn Nhât International Airport
(북서쪽으로 약 30km, 차로 10분 소요)
Hoàng Văn Thụ
Nguyễn Văn Trỗi
디 알코브 라이브러리 호텔
The Alcove Library Hotel
Trường Chinh
Lê Văn Sỹ
A
B
가 호아흥
Ga Hòa Hưng
E
F
Lý Thường Kiệt
Âu Cơ
Điện Biên Phủ
Lê Đại Hành
Ngô Gia Tự
Đường Hùng Vương
호텔 닛코 사이공
Hotel Nikko Saigon
Đường 3 Tháng 2
Trần Phú
An Dương Vương
I
J
쩌런 지역
Chợ Lớn
Hồng Bàng
Trần Hưng Đạo
티엔허우 사원
Ba Thien Hau Temple
바오즈 딤섬 레스토랑
Baoz Dimsum Restaurant
빈떠이 시장
Chợ Bình Tây

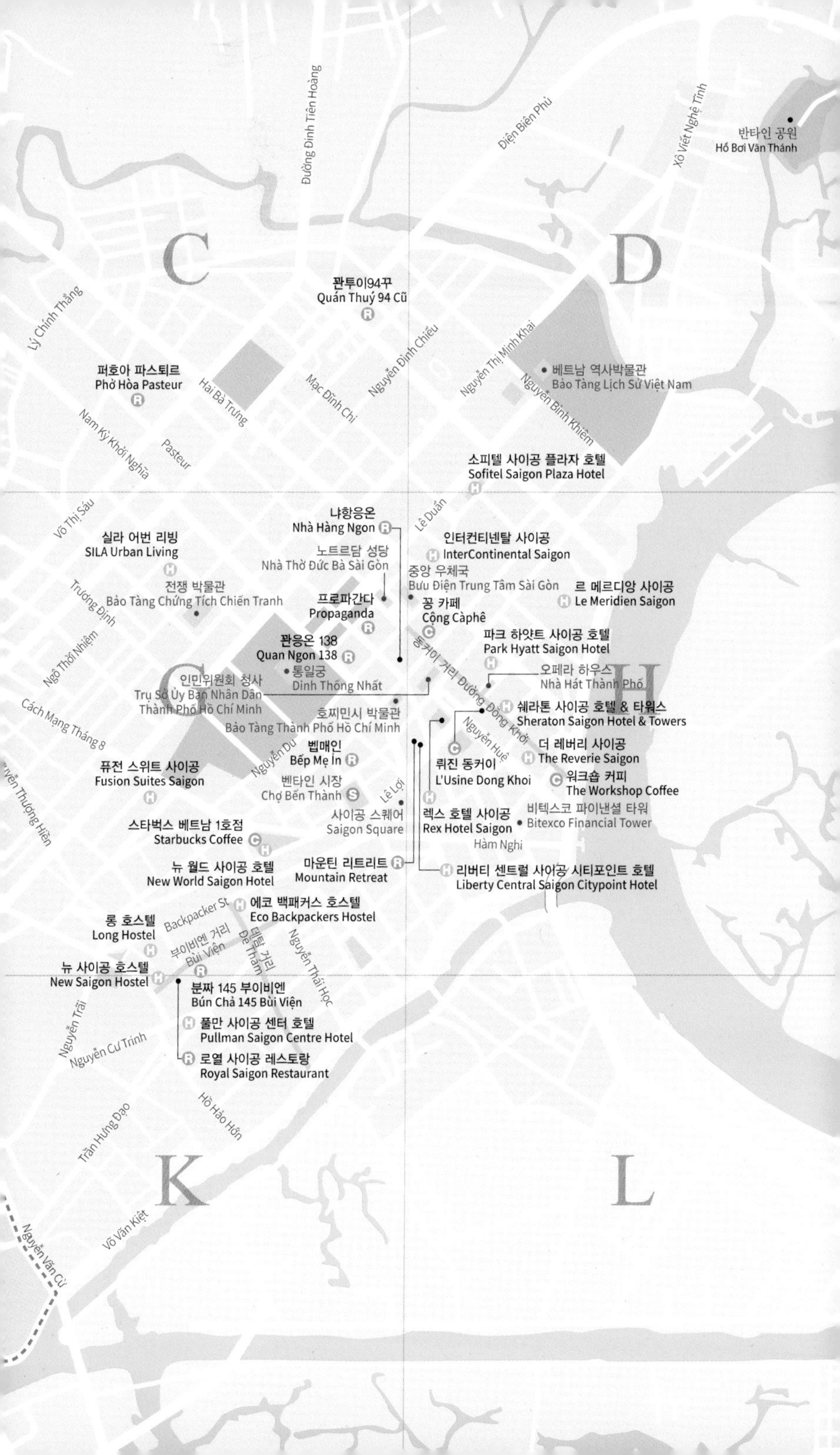

Đường Đinh Tiên Hoàng
Điện Biên Phủ
Xô Viết Nghệ Tĩnh
반타인 공원
Hồ Bơi Văn Thánh
C
D
판투이94꾸
Quán Thuý 94 Cũ
Lý Chính Thắng
Nguyễn Đình Chiểu
Nguyễn Thị Minh Khai
퍼호아 파스티르
Phở Hòa Pasteur
Mạc Đĩnh Chi
베트남 역사박물관
Bảo Tàng Lịch Sử Việt Nam
Hai Bà Trưng
Nguyễn Bỉnh Khiêm
Nam Kỳ Khởi Nghĩa
Pasteur
소피텔 사이공 플라자 호텔
Sofitel Saigon Plaza Hotel
Võ Thị Sáu
나항응온
Nhà Hàng Ngon
Lê Duẩn
실라 어번 리빙
SILA Urban Living
인터컨티넨탈 사이공
InterContinental Saigon
노트르담 성당
Nhà Thờ Đức Bà Sài Gòn
중앙 우체국
Bưu Điện Trung Tâm Sài Gòn
전쟁 박물관
Bảo Tàng Chứng Tích Chiến Tranh
르 메르디앙 사이공
Le Meridien Saigon
Trương Định
프로파간다
Propaganda
꽁 카페
Cộng Càphê
파크 하얏트 사이공 호텔
Park Hyatt Saigon Hotel
관응온 138
Quan Ngon 138
Ngô Thời Nhiệm
통일궁
Dinh Thống Nhất
동커이 거리 Đường Đồng Khởi
인민위원회 청사
Trụ Sở Ủy Ban Nhân Dân Thành Phố Hồ Chí Minh
오페라 하우스
Nhà Hát Thành Phố
H
쉐라톤 사이공 호텔 & 타워스
Sheraton Saigon Hotel & Towers
Cách Mạng Tháng 8
호찌민시 박물관
Bảo Tàng Thành Phố Hồ Chí Minh
Nguyễn Huệ
벱매인
Bếp Mẹ In
Nguyễn Du
더 레버리 사이공
The Reverie Saigon
퓨전 스위트 사이공
Fusion Suites Saigon
뤼진 동커이
L'Usine Dong Khoi
워크숍 커피
The Workshop Coffee
Nguyễn Thượng Hiền
벤타인 시장
Chợ Bến Thành
Lê Lợi
비텍스코 파이낸셜 타워
Bitexco Financial Tower
스타벅스 베트남 1호점
Starbucks Coffee
사이공 스퀘어
Saigon Square
렉스 호텔 사이공
Rex Hotel Saigon
Hàm Nghi
뉴 월드 사이공 호텔
New World Saigon Hotel
마운틴 리트리트
Mountain Retreat
리버티 센트럴 사이공 시티포인트 호텔
Liberty Central Saigon Citypoint Hotel
에코 백패커스 호스텔
Eco Backpackers Hostel
Backpacker St.
롱 호스텔
Long Hostel
부이비엔 거리
Bùi Viện
데탐 거리
Đề Thám
Nguyễn Thái Học
뉴 사이공 호스텔
New Saigon Hostel
분짜 145 부이비엔
Bún Chả 145 Bùi Viện
Nguyễn Trãi
풀만 사이공 센터 호텔
Pullman Saigon Centre Hotel
Nguyễn Cư Trinh
로열 사이공 레스토랑
Royal Saigon Restaurant
Hồ Hảo Hớn
Trần Hưng Đạo
K
L
Võ Văn Kiệt
Nguyễn Văn Cừ

베트남의 초대 대통령인 호찌민의 이름을 가지고 있는 도시로, 프랑스 식민지 시대에 지은 오래된 건물과 현대적인 고층 빌딩들이 어우러져 독특한 인상을 준다. 주요 볼거리는 중심부인 동커이 거리 주변에 집중되어 있어 어렵지 않게 돌아볼 수 있다.

통일궁 Dinh Thống Nhất

베트남 통일의 역사 현장

1868년 프랑스 식민 지배 당시 프랑스 총독의 관저였으나, 베트남 남북 분단 후 응오딘 지엠 초대 대통령의 관저로 사용되면서 독립궁(Dinh Độc Lập)이라 불렸다. 1975년 북베트남이 탱크를 끌고 이곳으로 돌진하면서 마침내 베트남 전쟁이 막을 내리게 되었고 통일궁으로 이름이 바뀌었다. 아직까지 호찌민 시민들은 통일궁과 독립궁이라는 이름을 모두 사용하기도 한다. 대통령 집무실과 접견실, 회의실 등 내부 관람이 가능하며 입구 쪽 잔디에는 북베트남이 몰고 온 탱크 2대가 전시되어 있다.

지도 p.145-G
주소 135 Nam Kỳ Khởi Nghĩa, Bến Thành, Quận 1, Tp. Hồ Chí Minh 전화 028 3822 3652
운영 07:30~11:00, 13:00~16:00 요금 4만 동
홈페이지 dinhdoclap.gov.vn
교통 벤타인 시장에서 도보 10분

MORE

통일궁 주변 맛집

꽌응온 138 Quan Ngon 138

통일궁 건너편에 위치한 대형 음식점. 내부 인테리어는 후에 왕조의 가옥처럼 고풍스러움이 느껴진다. 대부분의 베트남 현지 음식을 맛볼 수 있으며 특히 바삭한 바인쌔오의 맛이 좋기로 유명하다.

주소 138 Nam Kỳ Khởi Nghĩa, Bến Nghé, Quận 1, Tp. Hồ Chí Minh
전화 028 3825 7179 영업 07:00~22:00
예산 바인쌔오 7만 동
홈페이지 www.quanngon138.com
교통 통일궁에서 도보 2분

인민위원회 청사 Trụ Sở Ủy Ban Nhân Dân Thành Phố Hồ Chí Minh

호찌민 동상이 인상적인 대표 근대 건축물

프랑스 식민 지배 당시 지어진 시청사로 파리 시청사의 모습과 닮았다. 현재는 인민위원회 청사로 사용 중이며, 정부 기관이라 내부 입장은 불가하다. 청사 앞에는 옛 국가 주석이자 베트남의 영웅인 호찌민의 동상이 우뚝 서 있다. 예전에는 아이를 안고 있는 모습이었지만 지금은 홀로 서 있는 모습으로 바뀌었다. 호찌민에서 가장 아름다운 근대 건축물로 관광지 중에서도 인기가 높다. 밤이

면 조명으로 더욱 밝게 빛나 수 많은 관광객이 몰려든다.

지도 p.145-H
주소 86 Lê Thánh Tôn, Bến Nghé, Quận 1, Tp. Hồ Chí Minh
전화 028 3829 6052
홈페이지 vpub.hochiminhcity.gov.vn
교통 통일궁에서 도보 10분

오페라 하우스
Nhà Hát Thành Phố

1,800명을 수용하는 베트남 대표 공연장

프랑스 식민지였던 1897년 약 800명을 수용하는 공연장으로 프랑스 건축가 페레에 의해 지어졌다. 1956년에는 베트남 남부의 하원의사당이 되었다가 1975년 이후 지금까지 다시 공연장으로 활용 중이다. 현재는 하노이 오페라 하우스와 함께 베트남에서 손꼽히는 공연장으로 약 1,800명의 많은 인원을 수용할 수 있도록 재건축되었다. 다양한 공연이 연중 이어지지만 여행자들은 공연을 관람하기보다는 외관의 아름다운 모습을 배경으로 사진을 찍기 위해 찾는다.

지도 p.145-H
주소 7 Công Trường Lam Sơn, P. Bến Nghé, Quận 1, Tp. Hồ Chí Minh
전화 028 6270 4450
운영 09:30~21:30
홈페이지 www.hbso.org.vn
교통 인민위원회 청사에서 도보 3분

MORE

인민위원회 청사 주변 카페

꽁 카페 Cộng Càphê

꽁 카페는 하노이에서 시작하여 베트남 주요 도시에 자리 잡은 인기 카페다. 호찌민에는 주요 관광지 근처에 체인이 여러 곳 있다. 베트남의 이색적인 분위기가 물씬 풍기는 레트로 스타일의 인테리어도 인기 비결이지만 무엇보다 코코넛밀크 커피를 맛보러 오는 사람들이 대부분이다. 호찌민의 꽁 카페는 다른 도시보다 가격이 조금 비싸지만 그만큼 양도 많다. 꽁 카페를 한 번이라도 가 보았다면 베트남 다른 도시에서도 꽁 카페를 찾게 된다.

주소 26 Lý Tự Trọng, Bến Nghé, Quận 1, Tp. Hồ Chí Minh
영업 07:30~22:40
예산 코코넛밀크 위드 커피스무디 6만 5,000동
홈페이지 congcaphe.com
교통 인민위원회 청사에서 도보 4분

노트르담 성당
Nhà Thờ Đức Bà Sài Gòn

파리 노트르담을 닮은 성당

프랑스 식민지 때 파리에서 붉은 벽돌을 가져와 건축한 바실리카 양식의 성당. 파리의 노트르담 성당과 정면부가 닮았고, 외부의 측면과 후면은 정면부 이상으로 웅장하다. 우뚝 솟은 두 개의 종탑은 60.5m 높이며 6개의 종이 있다. 성당 앞에는 성모상이 서 있는데 2005년에 눈물을 흘렸다고 해서 당시 화제가 되었다.

지도 p.145-G
주소 1 Công Xã Paris, Bến Nghé, Quận 1, Tp. Hồ Chí Minh 전화 028 3822 0477
운영 평일 08:00~11:00, 15:00~16:00
교통 중앙 우체국 맞은편에 있다.

중앙 우체국
Bưu Điện Trung Tâm Sài Gòn

베트남에서 가장 큰 우체국

에펠탑을 건축한 구스타브 에펠이 직접 건축에 참여한 프랑스식 건물이다. 중앙에는 날씨와 장소에 관계없이 표준시로 사용 가능한 뉴매틱 클락이 있고, 그 위로 자유 · 평등 · 박애의 프랑스 혁명 정신을 상징하는 마리안상이 새겨져 있다. 우체국 안으로 들어가면 가장 먼저 정면의 호찌민 액자와 멋스러운 아치형 천장 기둥이 눈에 들어온다. 철재를 구부린 기둥은 오르세 박물관 내부와 매우 닮았다. 현재도 우편 및 전화 이용, 택배 업무를 볼 수 있는 우체국으로 사용 중이다.

지도 p.145-H
주소 2 Công Xã Paris, Bến Nghé, Quận 1, Tp. Hồ Chí Minh 전화 028 3822 1677
운영 07:00~19:00, 토 · 일요일 07:00~18:00
교통 통일궁에서 도보 5분

MORE

노트르담 성당 / 중앙 우체국 주변 맛집

프로파간다 Propaganda

화려한 벽화와 더불어 내부 인테리어가 아기자기하여 눈이 즐거운 가게. 깔끔한 현지식을 판매하고 있으며, 스프링 롤과 바인미 등의 인기가 높다. 기본으로 땅콩을 무제한 먹을 수 있어 맥주를 즐기기에도 좋다. 주로 외국인들이 찾는 가게이며 현지인들 기준으로는 가격이 다소 높은 편이다.

주소 21 Hàn Thuyên, Bến Nghé, Quận 1, Tp. Hồ Chí Minh
전화 028 3822 9048 영업 07:30~23:00
예산 스프링 롤 7만 5,000~9만 5,000동
홈페이지 propagandabistros.com
교통 노트르담 성당에서 도보 4분

동커이 거리 Đường Đồng Khởi

1km 거리 안에 담긴 호찌민의 현주소

호찌민의 중심부인 1군에서도 사람들의 발길이 끊이질 않는 메인 스트리트. 1km의 짧은 거리에 유명 호텔과 백화점, 로드숍, 분위기 좋은 카페가 즐비하고, 갤러리가 모여 있는 아트 아케이드와 오페라 하우스도 위치하고 있다. 거리의 끝은 노트르담 성당과 중앙 우체국이 있는 꽁싸 빠리(Công Xã Paris)와 이어지므로 걸어서 함께 둘러보기 좋다.

지도 p.145-H
주소 Đồng Khởi, Bến Nghé, Quận 1, Tp. Hồ Chí Minh 교통 중앙 우체국에서 도보 2분

MORE

동커이 거리 카페

뤼진 동커이 L'Usine Dong Khoi

편집 매장 겸 카페로, 호찌민에는 이곳 외에도 2개의 매장이 더 있다. 베트남풍의 분위기를 벗어나 유럽 카페의 느낌이 강한 이곳은 힙스터들이 좋아할 만한 가게다. 쇼핑과 함께 아늑한 분위기에서 브런치 혹은 커피 한잔을 즐기기 좋은 곳이다.

주소 151/5 Đồng Khởi, Bến Nghé, Quận 1, Tp. Hồ Chí Minh 전화 028 6674 9565
영업 07:30~22:30 예산 바인미 13만 동
홈페이지 www.lusinespace.com
교통 인민위원회 청사에서 도보 4분

워크숍 커피 The Workshop Coffee

바(Bar) 좌석과 롱 테이블, 비즈니스를 위한 미팅 룸까지 다양한 좌석을 갖춘 세련된 분위기의 카페. 커피를 마시며 노트북으로 일을 하는 젊은 손님들이 많고, 분위기만큼이나 커피의 맛도 보장한다. 직접 원두를 로스팅하는 커피 전문점으로, 직원들이 손님의 취향을 세심하게 고려하여 커피를 만들어 준다.

주소 27 Ngô Đức Kế, Bến Nghé, Quận 1, Tp. Hồ Chí Minh 전화 028 3824 6801
영업 08:00~21:00 예산 카페라테 7만 5,000동
홈페이지 www.facebook.com/the.workshop.coffee
교통 동커이 거리의 쉐라톤 호텔에서 도보 4분

여행자 거리 Đề Thám & Bùi Viện

전 세계 여행자들이 모이는 거리

호찌민을 여행하는 여행자들이 한 번쯤은 꼭 들르게 되는 데탐과 부이비엔 거리를 호찌민의 여행자 거리라고 부른다. 두 거리는 서로 이어져 있기 때문에 걷다 보면 어느새 두 거리를 모두 구경하게 된다. 낮보다는 밤이 되어야 인파가 몰리면서 진정한 여행자 거리의 분위기가 형성된다. 데탐 거리는 신투어리스트를 비롯한 여행사와 편의점, 카페가 많으며, 부이비엔 거리는 호텔과 게스트하우스, 맛집들이 즐비하다. 여행 중에 여러 여행자들과의 만남을 즐기거나 사람들의 열기와 에너지가 넘치는 분위기를 원한다면 적극 추천한다.

지도 p.145-G
주소 Đề Thám, Cầu Ông Lãnh, Quận 1, Tp. Hồ Chí Minh
교통 벤타인 시장에서 도보 10분

데탐 거리(왼쪽)와 부이비엔 거리(오른쪽)

MORE

여행자 거리 맛집

분짜 145 부이비엔 Bún Chả 145 Bùi Viện

가게 이름처럼 부이비엔 거리 145번지에 자리 잡은 아담한 분짜 음식점이다. 4만 동이라는 저렴한 가격에 하노이 대표 음식인 분짜를 맛볼 수 있다. 분짜는 숯불돼지고기 혹은 완자가 들어간 육수에 면과 채소 등을 넣어 먹는 음식이다.

주소 145 Bùi Viện, Phạm Ngũ Lão, Quận 1, Tp. Hồ Chí Minh
전화 028 3837 3474 영업 11:00~16:00
예산 분짜 4만 동
홈페이지 buncha145.restaurantwebx.com
교통 데탐 거리에서 도보 3~5분

로열 사이공 레스토랑 Royal Saigon Restaurant

부이비엔 거리에 위치한 베트남 음식점. 여행자 거리의 수많은 음식점들과 비교하면 가격이 저렴한 편에 속한다. 한국인 입맛에 잘 맞는 맛있는 음식은 물론, 친절하고 영어를 잘 구사하는 직원들의 서비스가 이곳만의 장점이다. 다만 에어컨이 없는 것이 단점이다. 가게의 위층은 게스트하우스로 함께 운영하고 있다.

주소 228 Bùi Viện, Phường Phạm Ngũ Lão, Quận 1, Tp. Hồ Chí Minh
전화 028 3837 1404 영업 10:30~22:30
예산 새우달걀볶음밥 7만 동
홈페이지 royal-saigon.com
교통 데탐 거리에서 도보 3~5분. 분짜 145 부이비엔 근처에 있다.

벤타인 시장 Chợ Bến Thành

교통과 관광의 요지

호찌민에서 가장 큰 시장. 시장 앞에는 커다란 원형 교차로가 형성되어 있고, 버스 정류장이 모여 있는 교통의 요지여서 대부분의 관광지로 이동하기에 편리하다. 벤타인 시장의 내부는 수많은 상점들이 좁은 길마다 빼곡히 채워져 있다. 기념품부터 생활용품, 의류, 식자재, 각종 먹거리와 식당까지 셀 수 없을 만큼 종류가 많다. 밤이 되면 건물 내부는 문을 닫고, 주변에 야시장이 형성된다. 여행자들에게는 가격을 부풀려 판매하는 경우가 많으니 흥정은 필수다.

지도 p.145–G
주소 Đường Lê Lợi, Bến Thành, Quận 1, Tp. Hồ Chí Minh
운영 06:00~18:00
교통 공항에서 152번 버스로 50분

MORE

벤타인 시장 주변 맛집

벱매인 Bếp Mẹ Ỉn

베트남 음식을 판매하는 현지 식당. 식당 안 벽면에는 노란색을 바탕으로 현지인들의 삶을 아기자기하게 그려 놓았으며 베트남을 연상시키는 소품 및 나무 의자와 테이블을 배치해 두었다. 이 식당만의 자랑거리는 코코넛볶음밥. 코코넛을 반으로 잘라 그 안에 볶음밥을 넣은 재미있는 음식이다.

주소 136/9 Lê Thánh Tôn, Quận 1, Tp. Hồ Chí Minh 전화 028 6866 6128
영업 11:00~23:00
예산 코코넛볶음밥 8만 5,000동
홈페이지 www.bepmein.com
교통 벤타인 시장에서 도보 3분

스타벅스 베트남 1호점 Starbucks Coffee

베트남에 첫 번째로 입점한 스타벅스 매장. 한국 스타벅스보다 1~2천 원 정도 저렴하게 음료를 즐길 수 있다. 여행지에서 스타벅스를 찾아다니며 시티 텀블러와 같은 기념품을 수집하는 마니아층에게 반가운 곳이다.

주소 AB Tower, 76 Lê Lai, Bến Thành, Quận 1, Tp. Hồ Chí Minh
전화 028 3823 7952 영업 06:30~23:00
예산 아이스 아메리카노 5만 5,000동
홈페이지 www.starbucks.vn
교통 벤타인 시장에서 도보 7분. 뉴월드 호텔 근처에 있다.

비텍스코 파이낸셜 타워 Bitexco Financial Tower

호찌민에서 가장 높은 빌딩

높이 262m, 68층의 비텍스코 파이낸셜 타워는 호찌민에서 가장 높은 빌딩이다. 건물의 외관은 베트남의 국화인 연꽃을 형상화하였다. 로비에서 6층까지는 쇼핑몰, 7층부터 48층까지는 사무실로 이용되고 있다. 여행자들이 주로 방문하는 곳은 전망을 바라보기 좋은 49층부터 52층까지. 49층은 스카이덱(Skydeck) 전망대이며, 50~52층에는 카페와 레스토랑, 바가 있어서 식사를 하거나 차를 마시며 호찌민 시내 전망을 즐길 수 있다.

지도 p.145-H
주소 36 Hồ Tùng Mậu, Bến Nghé, Quận 1, Tp. Hồ Chí Minh
전화 028 3915 6156
운영 09:30~21:30 요금 20만 동
홈페이지 saigonskydeck.com
교통 벤타인 시장에서 도보 10분

사이공 스퀘어 Saigon Square

이미테이션 제품을 저렴하게!

정식 브랜드 제품이 아닌 이미테이션 제품을 판매하는 쇼핑센터. 의류부터 전자 제품, 기념품 등 수많은 물건이 있는데 신발과 의류 등이 주를 이룬다. 우리에게 친숙한 캐주얼, 스포츠 브랜드부터 일부 명품 제품도 눈에 띈다. 의류 중에서 특히 스포츠웨어 제품의 만족도가 높다. 벤타인 시장과 비교하면 건물이 깔끔하고, 덜 복잡하다. 가게마다 가격 차이가 크지 않아 흥정이 어려운 편이다.

지도 p.145-G
주소 81 Nam Kỳ Khởi Nghĩa, Bến Thành, Quận 3, Tp. Hồ Chí Minh 운영 09:00~21:00
교통 벤타인 시장에서 도보 4분

MORE

사이공 스퀘어 주변 맛집

마운틴 리트리트 Mountain Retreat

좁은 골목 안 건물 5층 꼭대기에 위치한 숨은 가게. 찾아가기가 쉽지 않음에도 불구하고 맛집으로 알려진 곳답게 항상 손님들이 가득하다. 가게 내부는 전반적으로 조용하며, 아늑한 분위기 속에서 깔끔한 베트남 음식을 맛볼 수 있다. 낮이나 밤이나 분위기가 좋고 특히 전망 좋은 야외 테라스 좌석이 인기 있다.

주소 36 Lê Lợi, Bến Nghé, Quận 1, Tp. Hồ Chí Minh
전화 090 7194 557 영업 10:00~21:30
예산 새우 스프링 롤 8만 5,000동
교통 사이공 스퀘어에서 도보 3분

호찌민시 박물관 Bảo Tàng Thành Phố Hồ Chí Minh

호찌민의 과거와 현재를 한눈에

1890년 프랑스 건축가 알프레드 풀루에 의해 상업 박물관으로 지어졌다. 이후 코친차이나 총독 관저로 사용되었고 1945년부터 여러 용도로 쓰이다가 지금의 박물관 형태는 1999년에 갖추어졌다. 베트남 전쟁을 비롯한 호찌민의 역사와 문화, 생활 모습을 보여 주는 자료들이 전시되어 있다. 고풍스러운 프랑스식 건물로 현지인들이 웨딩 촬영을 위해 찾곤 한다.

지도 p.145-G
주소 65 Lý Tự Trọng, Bến Nghé, Quận 1, Tp. Hồ Chí Minh 전화 028 3829 9741
운영 07:30~18:00
요금 1만 5,000동, 사진 촬영 시 2만 동 추가
홈페이지 hcmc-museum.edu.vn
교통 통일궁에서 도보 5분

전쟁 박물관 Bảo Tàng Chứng Tích Chiến Tranh

베트남 전쟁에 관한 자료를 전시

베트남 전쟁의 참혹했던 모습들을 숨김없이 공개해 놓은 박물관이다. 1995년 미국과의 수교 전까지 미국 전쟁 범죄 박물관이라 불렸을 정도로, 미군이 행한 전쟁의 잔인한 흔적들을 보여 주고 있다. 전쟁에 쓰였던 총과 대포 등 실제 무기와 포로를 고문했던 수용소, 당시의 현장을 기록한 사진은 전쟁의 아픔을 더욱 절실히 느끼게 해준다.

지도 p.145-G
주소 28 Võ Văn Tần Phường 6 Quận 3, Tp. Hồ Chí Minh 전화 028 3930 5587
운영 07:30~18:00 요금 1만 5,000동
홈페이지 baotangchungtichchientranh.vn
교통 통일궁에서 도보 8분

MORE

호찌민시 박물관 / 전쟁 박물관 주변 맛집

냐항응온 Nhà Hàng Ngon

푸르른 나무가 가득하여 자연과 조화를 이룬 인테리어가 눈에 띄는 가게. 오래전부터 인기가 많았지만 TV 여행 프로그램에 나온 후 한국 여행자들의 발길이 끊이질 않는다. 현지식 외에도 한식, 일식, 태국 음식 등 다양한 메뉴가 있다. 음식이 대체적으로 깔끔하고 안정적인 맛을 보장해 늘 손님들로 붐빈다. 인기가 많은 탓인지 호찌민의 다른 현지식 가게에 비해 가격은 조금 비싼 편에 속한다.

주소 160 Pasteur, Bến Nghé, Quận 1, Tp. Hồ Chí Minh
전화 028 3827 7131
영업 08:00~22:30
예산 분팃느엉 7만 5,000동
교통 호찌민시 박물관에서 도보 2분

퍼호아 파스퇴르 Phở Hòa Pasteur

호찌민에서 손꼽히는 쌀국수 맛집으로 오래전부터 현지인과 여행자들에게 꾸준한 인기를 얻고 있다. 돼지고기, 닭고기가 들어간 쌀국수를 메인으로 스프링 롤과 고이꾸온, 다양한 음료를 함께 판매한다.기본으로 세팅된 기다란 빵 모양의 바인꾸어이(Bánh Quẩy)와 바나나 잎처럼 생긴 짜꺼이(Chả Cây)는 먹은 만큼 비용이 지불되니 원하지 않으면 먹지 말 것.

주소 260C Pasteur, Phường 8, Quận 3, Tp. Hồ Chí Minh
전화 028 3829 7943 영업 06:00~12:00
예산 쌀국수 6만 5,000동
교통 전쟁 박물관에서 차로 5분 또는 도보 15분

베트남 역사박물관 Bảo Tàng Lịch Sử Việt Nam

베트남과 주변국의 역사를 이해하기 좋은 곳

베트남의 전반적인 역사 자체에 중점을 둔 박물관. 선사시대부터 짬파 왕국을 거쳐 1945년 응우옌 왕조까지의 유물이 전시되어 있는데 특히 불교 역사의 흔적이 담긴 불상들과 짬파 유적 속 힌두 신의 조각들이 돋보인다. 그 밖에 베트남 남부 문화와 주변의 아시아 국가들의 역사를 비교한 자료도 볼 수 있다.

지도 p.145-D
주소 2 Nguyễn Bỉnh Khiêm, Bến Nghé, Quận 1, Tp. Hồ Chí Minh 전화 028 3829 8146
운영 08:00~11:30, 13:30~17:00
요금 4만 동, 사진 촬영 시 1만 5,000동 추가
홈페이지 baotanglichsuvn.com
교통 중앙 우체국에서 차로 5분 또는 도보 15분

쩌런 Chợ Lớn

호찌민의 차이나타운

화교들이 모여 사는 곳으로 중식당과 중국 회관, 사원 등을 구경할 수 있는 지역이다. 쩌런의 볼거리는 삼국지에 나오는 관우의 사당과 베트남의 다른 도시에서도 가끔 만날 수 있는 바다의 여신 티엔허우 사원 정도이다. 또 이곳에는 규모가 큰 빈 떠이 시장이 있는데 도매업 위주로, 여행자에게는 벤타인 시장이 더 적합하다. 식사는 차이나타운에 온 만큼 중식당에서 해결하자. 인천 차이나타운과 같은 중국 마을 느낌은 없으니 참고할 것.

지도 p.144-J
주소 Chợ Lớn, Tp. Hồ Chí Minh
교통 벤타인 시장에서 차로 20분

MORE

베트남 역사박물관 / 쩌런 주변 맛집

꽌투이94꾸 Quán Thuý 94 Cũ

꽤 오래전부터 게 요리로 유명한 맛집. 규모가 작고 소박한 로컬 식당 중 하나다. 게볶음밥 외에 게로 만든 스프링 롤과 같은 튀김 메뉴들이 인기가 많다. 근처에 Quan 94라는 게 요리 음식점이 생겼지만 이곳이 원조.

주소 84 Đinh Tiên Hoàng, Đa Kao, Quận 1, Tp. Hồ Chí Minh 전화 090 9088 499
영업 10:00~22:00 예산 게볶음밥 13만 동
교통 역사박물관에서 차로 7분 또는 도보 13분

바오즈 딤섬 레스토랑 Baoz Dimsum Restaurant

깔끔한 인테리어와 분위기를 갖춘 중식 레스토랑. 가격이 비싸지 않아 현지인들이 많이 찾는다. 음식은 딤섬이 주를 이루며 특히 새우 딤섬의 만족도가 높다. 메뉴판에 음식 사진이 있으므로 주문에 어려움은 없다.

주소 88 Nguyễn Tri Phương, Phường 7, Quận 5, Tp. Hồ Chí Minh
전화 028 3923 1480 영업 06:30~23:00
예산 새우 딤섬 4만 5,000동
홈페이지 baozdimsum.com
교통 티엔허우 사원에서 도보 13분

규모가 큰 도시답게 호찌민에는 세계적인 체인 호텔부터 저렴한 호스텔까지 다양한 숙박 시설이 있다. 숙소의 위치와 비용, 여러 가지 시설 등을 꼼꼼히 따져 보고 여행의 목적과 이동 방법, 예산을 고려하여 자신에게 맞는 숙소를 선택해 보자.

더 레버리 사이공
The Reverie Saigon

시내 중심의 손꼽히는 럭셔리 호텔

2015년 9월, 호찌민 중심 1구에 오픈한 호화로운 5성급 호텔로 타임 스퀘어 빌딩 안에 위치하고 있다. 로비부터 이탈리아풍의 럭셔리한 인테리어로, 객실과 부대시설까지 어느 한 곳도 평범하지 않을 정도로 화려하다. 객실의 미니바 이용이 무료이며, 수영장은 수중 음향 시스템을 갖추어 수영을 하면서 음악을 들을 수 있다.

지도 p.145-H
주소 22-36 Nguyễn Huệ 57-69F Đồng Khởi, Quận 1, Tp. Hồ Chí Minh
전화 028 3823 6688 요금 270US$~
홈페이지 www.thereveriesaigon.com
교통 인민위원회 청사에서 도보 6분

파크 하얏트 사이공 호텔
Park Hyatt Saigon Hotel

프렌치 스타일의 매력적인 호텔

하얏트 그룹의 체인 호텔로 럭셔리 라인에 속해 있다. 23실의 스위트룸을 포함하여 총 245실의 객실을 보유하고 있으며, 프랑스풍 디자인과 분위기를 곳곳에서 느낄 수 있다. 1군에 위치하여 대부분의 관광지로 이동하기가 편리하다.

지도 p.145-H
주소 2 Công Trường Lam Sơn, Quận 1, Tp. Hồ Chí Minh
전화 028 3824 1234
요금 260US$~
홈페이지 saigon.park.hyatt.com
교통 인민위원회 청사에서 도보 5분

호텔 닛코 사이공
Hotel Nikko Saigon

모던한 일본 체인 호텔

닛코는 세계 여러 나라에 체인을 둔 일본 호텔이다. 모던한 디자인과 욕실을 포함한 객실의 깔끔함, 직원의 친절함에 만족도가 높다. 도심 중심부까지 걸어서 갈 수 있는 위치는 아니지만 대신 그만큼 조용하다. 닛코 호텔의 자랑거리 중 하나는 시푸드 디너 뷔페. 저녁 6시부터 라 브라스리(La Brasserie) 레스토랑에서 약 6만 원의 가격에 랍스터를 비롯한 해산물을 무제한으로 즐길 수 있다.

지도 p.144-J
주소 235 Nguyễn Văn Cừ, Nguyễn Cư Trinh, Quận 1, Tp. Hồ Chí Minh
전화 028 3925 7777 요금 120US$~
홈페이지 www.hotelnikkosaigon.com.vn
교통 통일궁에서 차로 10분, 공항에서 차로 25분

인터컨티넨탈 사이공
InterContinental Saigon

명실상부한 브랜드 호텔

인터컨티넨탈은 IHG 그룹의 세계적인 브랜드 호텔이다. 그 이름에 걸맞게 모던하고 세련된 객실 컨디션과 직원 서비스, 먹음직스러운 조식 뷔페는 이곳의 자랑거리다. 부대시설 중에서는 딤섬 뷔페로 유명한 중식당 유추(Yu Chu)의 인기가 높고, 야외 수영장은 수족관처럼 물 아래가 훤히 보이는 독특한 구조라 사진을 찍기 좋다.

지도 p.145-H
주소 Góc Đường Hai Bà Trưng & Lê Duẩn, Bến Nghé, Quận 1, Tp. Hồ Chí Minh

전화 028 3520 9999
요금 210US$~
홈페이지 www.ihg.com/intercontinental/hotels/kr/ko/ho-chi-minh-city/sgnha/hoteldetail
교통 중앙 우체국에서 도보 5분

쉐라톤 사이공 호텔 & 타워스
Sheraton Saigon Hotel & Towers

넉넉한 객실과 부대시설을 갖춘 스타우드 계열 호텔

스타우드(SPG) 계열의 호텔로 1군의 중심인 동커이 거리에 위치하고 있다. 2동의 건물에 총 485실의 넉넉한 객실과 18개의 미팅 룸, 스파 시설, 카페와 라운지, 레스토랑 등을 두루 갖추었다. 23층 루프톱에는 호찌민 시내 전경을 바라볼 수 있는 와인 바와 나이트 스폿이 있다.

지도 p.145-H
주소 88 Đồng Khởi, Bến Nghé, Quận 1, Tp. Hồ Chí Minh
전화 028 3827 2828
요금 190US$~
홈페이지 www.sheratonsaigon.com
교통 오페라 하우스에서 도보 2분

디 알코브 라이브러리 호텔
The Alcove Library Hotel

공항 근처의 실속형 호텔

로비를 가득 채운 책이 인상적인 라이브러리 호텔로 새하얀 외관과 내부의 섬세하고 깔끔한 디자인을 갖추고 있다. 호찌민 중심부에서 좀 떨어져 있지만 주택가에 위치해 조용하다. 공항과 가까워 늦은 비행편으로 출입국 시 유용하며, 무료 픽업 서비스도 제공한다.

지도 p.144-B
주소 133A Nguyễn Đình Chính, Quận Phú Nhuận, Tp. Hồ Chí Minh
전화 028 6256 9966
요금 60US$~
홈페이지 alcovehotel.com.vn
교통 공항에서 차로 10분

렉스 호텔 사이공
Rex Hotel Saigon

호찌민의 역사가 깃든 호텔

렉스 호텔은 20세기 초 프랑스 식민지 시절에 지어진 5성급 호텔로, 건물 자체만으로 역사적인 의미가 크다. 또한 위치상으로도 호찌민의 중심인 인민위원회 청사 앞에 자리 잡아 랜드마크 격 호텔로 꼽히고 있다. 전체적으로 고풍스러움을 갖추고 있으며, 객실은 현대식 호텔의 모던한 느낌보다는 베트남 전통 양식이 가미된 아늑한 분위기를 풍긴다. 호텔 주변에 관광 명소가 모여 있어 편리하며, 야경을 즐기기에 좋은 루프톱 바와 레스토랑도 인기가 많다.

지도 p.145-H
주소 141 Nguyễn Huệ, Bến Nghé, Quận 1, Tp. Hồ Chí Minh
전화 028 3829 2185
요금 130US$~
홈페이지 rexhotelvietnam.com
교통 인민위원회 청사 앞에 있다.

풀만 사이공 센터 호텔
Pullman Saigon Centre Hotel

여행자 거리와 가까운 5성급 호텔

풀만은 노보텔, 소피텔 등이 속해 있는 아코르(Accor) 계열의 호텔이다. 호찌민의 풀만은 시내 중심부에서 조금 떨어져 있어 5성급 호텔 중에서 조용한 편에 속한다. 2013년에 신축한 객실은 모던하고 깔끔하며, 합리적인 가격에 고급스러운 서비스를 만끽할 수 있다. 여행자 거리와 벤타인 시장까지 도보로 이동이 가능하여 편리한 호텔이다.

지도 p.145-K
주소 148 Trần Hưng Đạo, Nguyễn Cư Trinh, Quận 1, Tp. Hồ Chí Minh
전화 028 3838 8686
요금 105US$~
홈페이지 www.accorhotels.com/gb/hotel-7489-pullman-saigon-centre/index.shtml
교통 여행자 거리에서 도보 5분

리버티 센트럴 사이공 시티포인트 호텔
Liberty Central Saigon Citypoint Hotel

최적의 위치와 가성비 좋은 4성급 호텔

리버티는 오디세아(Odyssea)라는 호찌민 로컬 기업 계열의 호텔이다. 인민위원회 청사와 가까운 이곳도 외에도 호찌민에 두 곳이 더 있다. 다른 리버티 호텔에 비해 관광하기 편한 위치에 있으며 객실과 야외 풀장의 전망도 좋다. 1층에는 CGV 영화관이 입점해 있다.

지도 p.145-H
주소 59 Pasteur, Bến Nghé, Quận 1, Tp. Hồ Chí Minh
전화 028 3822 5678
요금 95US$~
홈페이지 odysseahotels.com/saigon-city-point-hotel
교통 인민위원회 청사에서 도보 3분

소피텔 사이공 플라자 호텔
Sofitel Saigon Plaza Hotel

전체적으로 무난한 5성급 호텔

풀만 사이공과 같은 아코르(Accor) 계열의 호텔로 소피텔은 그중 상위 브랜드에 속한다. 소피텔 사이공은 슈피리어, 럭셔리, 스위트를 포함해 286실의 객실을 보유하고 있다. 동급 호텔에 비해 떨어지는 점은 없지만 브랜드 명성에 비해서는 다른 도시의 소피텔보다 무난한 편에 속한다. 조식 뷔페의 음식이 다양하다.

지도 p.145-D
주소 17 Lê Duẩn, Bến Nghé, Quận 1, Tp. Hồ Chí Minh
전화 028 3824 1555
요금 110US$~
홈페이지 www.accorhotels.com/gb/hotel-2077-sofitel-saigon-plaza/index.shtml
교통 통일궁에서 도보 13분

르 메르디앙 사이공
Le Meridien Saigon

전망이 아름다운 SPG 호텔

쉐라톤과 같은 스타우드(SPG) 계열 호텔. 사이공 강변에 자리 잡고 있어 객실과 풀장의 전망이 뛰어나다. 총 343실의 객실은 세련되고 모던한 디자인을 보여 주며, 2015년에 오픈한 호텔인 만큼 시내의 다른 호텔들에 비해 깔끔하고 시설 또한 최신식이다. 특히 직원들의 친절한 서비스가 인상적이며, 중앙우체국 근처에 있어 관광하기 편리하다.

지도 p.145-H
주소 3C Tôn Đức Thắng, Quận 1, Tp. Hồ Chí Minh
전화 028 6263 6688
요금 120US$~
홈페이지 www.lemeridiensaigon.com/?SWAQ=958C
교통 동커이 거리에서 도보 10분

뉴 월드 사이공 호텔
New World Saigon Hotel

빌 클린턴이 투숙한 호텔

1994년에 오픈한 5성급 호텔로, 오래되었지만 지금도 많은 여행자들이 찾을 만큼 좋은 시설과 서비스를 유지하려 힘쓰고 있다. 총 533실의 넉넉한 객실을 갖추고 있으며 클린턴 미국 전 대통령이 투숙하면서 더 유명해졌다. 베트남 최초의 스타벅스가 호텔 바로 옆에 있으며, 도보 5분 거리에 벤타인 시장이 있다. 또한 호찌민의 다른 5성급 호텔에 비해 가격이 저렴한데다 부대시설이 잘되어 있어 인기가 높다.

지도 p.145-G
주소 76 Lê Lai, Bến Thành, Quận 1, Tp. Hồ Chí Minh
전화 028 3822 8888
요금 90US$~
홈페이지 saigon.newworldhotels.com/en
교통 벤타인 시장에서 도보 5분

퓨전 스위트 사이공 Fusion Suites Saigon

무료 스파를 제공하는 힐링 호텔

베트남 세레니티 그룹의 호텔로 나트랑의 퓨전 리조트, 다낭의 퓨전 리조트 등이 그룹에 속해 있다. 투숙하는 모든 이들에게 최고의 휴식을 제공하고자 하는 철학을 담은 호텔이다. 친환경적이면서 미니멀리스틱 하우스 콘셉트를 지향하고 있으며 무료 스파를 제공하여 여행자들에게 인기가 많다.

지도 p.145-G
주소 3-5 Sương Nguyệt Ánh, Bến Thành, Quận 1, Tp. Hồ Chí Minh
전화 028 3925 7257
요금 110US$~
홈페이지 fusionsuitessaigon.com
교통 벤타인 시장에서 도보 13분

실라 어번 리빙 SILA Urban Living

아파트먼트 형태의 실속형 호텔

2016년 오픈한 아파트먼트 형태의 깔끔한 호텔. 침실과 주방이 따로 있으며, 취사가 가능하다. 부대시설로 수영장과 사우나, 24시간 이용 가능한 헬스장 등이 있다. 전쟁 박물관과 가까우며 주변이 조용한 호텔을 원하는 여행자에게 추천한다.

지도 p.145-G
주소 21 Ngô Thời Nhiệm, Phường 6, Quận 3, Tp. Hồ Chí Minh
전화 028 3930 0800
요금 75US$~
홈페이지 www.silaliving.com
교통 전쟁 박물관에서 도보 4분

롱 호스텔 Long Hostel

여행자 거리에서 가까운 호스텔

여행자 거리와 멀지 않으면서도 여행자 거리의 여러 호스텔에 비해 확실히 조용하다. 엘리베이터가 없어서 불편하지만, 아주 저렴한 가격에 청결한 객실과 맛있는 조식까지 제공된다.

지도 p.145-G
주소 373 Phạm Ngũ Lão, Quận 1, Tp. Hồ Chí Minh
전화 028 3836 0184
요금 도미토리 룸 8US$~
홈페이지 www.longguesthouse.hostel.com
교통 여행자 거리에서 도보 7분

에코 백패커스 호스텔 Eco Backpackers Hostel

데탐 거리 중심에 위치한 호스텔

저렴하면서 놀기 좋은 위치의 숙소를 원하는 배낭 여행자에게 추천하는 곳. 여행자 거리에 있는 만큼 늦은 저녁 시간의 소음은 감수해야 한다. 도미토리 형식이지만 2층 침대가 일렬로 쭉 놓여 있고 침실 양쪽이 모두 벽으로 가려져 있어 독립적인 공간처럼 느껴진다.

지도 p.145-G
주소 264 Đề Thám, Phạm Ngũ Lão, Quận 1, Tp. Hồ Chí Minh
전화 028 3836 5836
요금 도미토리 룸 13US$~
교통 공항에서 차로 25분. 데탐 거리에 있다.

뉴 사이공 호스텔 New Saigon Hostel

부이비엔 거리의 조용한 호스텔

뉴 사이공 호스텔은 부이비엔 거리 끝자락에 위치하고 있어 중심지보다 비교적 조용한 편이다. 객실 타입은 일반 공용 도미토리와 여성 전용 도미토리, 2~3인실까지 다양하다. 호스텔에서 크게 기대하기 힘든 청결함을 만족시켜 주는 곳으로, 객실 요금에 조식이 포함되어 있다.

지도 p.145-K
주소 270 Bùi Viện, Phạm Ngũ Lão, Quận 1, Tp. Hồ Chí Minh
전화 028 3837 4811
요금 도미토리 룸 14US$~
교통 공항에서 차로 27분. 부이비엔 거리에 있다.

Prepare to Travel

나트랑 여행 준비

여권과 비자 160

여행 계획 세우기 162

환전과 여행 경비 164

여행 가방 꾸리기 165

인천공항 가는 법 166

출국 수속 168

베트남 여행 회화 170

여권과 비자

PASSPORT & VISA

전자 여권은 신원과 바이오 인식 정보(얼굴, 지문 등의 생태 정보)를 저장한 비접촉식 IC칩을 내장한 것이다. 앞표지에 로고를 삽입해 국제민간항공기구의 표준을 준수하는 전자 여권임을 나타내며, 뒤표지에는 칩과 안테나가 내장되어 있다.

여권 발급에 필요한 서류

1. 여권 발급 신청서
2. 여권용 사진 1매
3. 신분증
4. 여권 발급 수수료 : 복수 여권(5년 초과 10년 이내) 48면 5만 3,000원, 24면 5만 원
5. 병역 의무 해당자는 병역 관계 서류(☎1588-9090 또는 홈페이지 www.mma.go.kr에서 확인)
6. 18세 미만 미성년자는 여권발급 동의서 및 동의자 인감증명서, 가족관계증명서(단, 미성년자 본인이 아닌 동의자 신청 시 여권발급 동의서, 인감증명서 생략 가능)

차세대 전자 여권 도입

문체부와 외교부가 여권의 보안성을 강화하기 위해 폴리카보네이트 재질을 도입하기로 결정, 2020년부터 여권의 모습이 달라진다. 종류는 일반 여권(남색), 관용 여권(진회색), 외교관 여권(적색)으로 구분되며, 오른쪽 상단에는 나라 문장이, 왼쪽 하단에는 태극 문양이 새겨진다. 또한, 여권 번호 체계를 변경해 여권 번호 고갈 문제를 해소하고 주민등록번호가 노출되지 않도록 개편되어 보안성이 더욱 향상된다. 현행 여권은 유효기간 만료까지 사용 가능하며, 여권 소지인이 희망하는 경우에는 유효기간 만료 전이라도 차세대 여권으로 교체할 수 있다.

여권 신청

여권 발급 신청은 자신의 본적이나 거주지와 상관없이 가까운 발행 관청에서 신청할 수 있다. 서울 25개 구청과 광역시청, 지방도청의 여권과에서 접수를 받는다. 신분증을 소지하고 인근 지방자치단체를 직접 방문해야 하며, 대리 신청은 불가하다. 접수는 평일 오전 9시부터 오후 6시까지 가능하다. 그러나 직장인들을 위해 관청별로 특정일을 지정해 야간 업무를 보거나 토요일에 발급하기도 한다. 발급에는 보통 3~4일 정도 걸리지만, 성수기에는 10일까지 걸릴 수 있으니 여행을 가기로 마음먹었다면 바로 신청한다.

여권 종류

일반적으로 복수 여권과 단수 여권으로 나뉜다. 복수 여권은 특별한 사유가 없는 한 5년 내지 10년 동안 횟수에 제한 없이 외국에 나가는 것이 가능하다. 단수 여권은 1년 이내에 한 번 사용할 수 있다. 만 18세 이상, 30세 이하인 병역 미필자 등에게 발급한다.

여권 발급 소요 기간

여권 신청 후 발급까지 보통 3~4일 걸리지만 성수기에는 10일 정도까지 소요될 수 있으니 여행을 가기로 마음먹었다면 바로 신청하는 것이 좋다.

여권 재발급

여권을 분실했거나 훼손한 경우, 사증(비자)란이 부족한 경우, 주민 등록 기재 사항이나 영문 성명의 변경·정정의 경우는 재발급받아야 한다. 재발급 여권은 구여권의 남은 유효 기간이 그대로 승계되며, 수수료는 2만 5,000원이다. 단, 기존 여권의 유효 기간이 1년 이하이거나 자신이 원할 경우 유효 기간 10년의 신규 여권으로 발급받을 수도 있다.

여권 사진 촬영 시 주의할 점

크기는 가로 3.5cm, 세로 4.5cm이며, 6개월 이내에 촬영한 상반신 사진이어야 한다. 바탕색은 흰색이어야 하고, 포토샵으로 보정한 사진은 사용할 수 없다. 즉석 사진 또는 개인이 촬영한 디지털 사진 역시 부적합하다. 연한 색 의상을 착용한 경우 배경과 구분되면 사용 가능하다. 해외에서 생길 수 있는 마찰의 소지를 줄이기 위해서라도 본인의 실제 모습과 가장 닮은 사진을 준비한다.

여권 발급 문의

여권 발급에 대한 정보 열람과 관련 서식 다운로드가 가능하다.
외교부 여권 안내 www.passport.go.kr

베트남 여행 중 여권 분실 시

여권을 분실했다면 즉시 경찰서를 찾아가 도난·분실 증명서를 작성하고, 베트남 주재 한국 대사관에 가서 여권 재발급 수속을 밟아야 한다. 도난·분실 증명서와 여권 재발급 비용, 여권용 증명사진 등을 챙겨 가면 재발행 사유서를 작성하고 재발급받을 수 있다. 만일의 경우를 대비해 여행 전 여권 사본을 준비하거나 여권 번호를 적어 두는 것이 좋다.

비자

한국인은 베트남 비자 면제 프로그램이 적용되어 관광 및 단순 방문일 경우 비자 없이 15일 미만까지 체류가 가능하다. 단, 입국 시 여권의 유효 기간이 6개월 이상 남아 있어야 한다. 만약 15일 이상 체류를 원하거나 최근 30일 이내에 베트남에 입국한 적이 있다면 비자를 발급받아야 한다(p.50 참고).

여권 재발급에 필요한 서류

1. 여권발급신청서
2. 여권용 사진 1매
3. 현재 소지하고 있는 여권(분실 재발급, 여권 판독 불가 시 신분증)
4. 가족 관계 기록 사항에 관한 증명서
5. 여권 재발급 사유서
6. 병역 의무 해당자는 병역 관계 서류
7. 여권분실신고서(분실 재발급 시)

외교부 해외안전여행

국가별 안전 소식, 여행 경보 및 금지국 안내 등 안전헌 해외여행을 위한 각종 정보를 얻을 수 있다. 또한 해외에서의 긴급한 상황, 사건·사고 시 이용 가능한 영사콜센터는 연중무휴 24시간 이용 가능하다.

홈페이지 www.0404.go.kr
전화 02-3210-0404

영사 콜센터

24시간 운영하므로 해외에서도 언제든지 연락이 가능하다.

국내 이용 시 ☎ 02-3210-0404
해외 이용 시
☎ 현지 국제전화 코드-800-2100-0404

베트남 주재 한국 대사관

주소 28th Fl., Lotte Center Hanoi, 54 Lieu Giai St., Ba Dinh District, Hanoi, Vietnam
전화 대사관 024-3831-5110, 영사과 024-3771-0404

주한 베트남 대사관

주소 서울특별시 종로구 삼청동 28-37
전화 02-734-7948
비자 접수 월~금요일 09:00~12:00
교통 버스 이용 시 창덕궁에서 하차하여 도보 1분. 또는 지하철 안국역 2번 출구 앞에서 종로 02 마을버스를 타고 감사원 앞에서 하차

여행 계획 세우기

TRAVEL PLANS

언제, 누구와, 어떤 목적으로 여행할 것인가?

같은 곳을 여행해도 매번 새로울 수 있는 이유는 언제, 누구와, 어떤 목적으로 떠나는 여행이냐에 따라 여행 스타일과 일정이 달라지기 때문. 친구, 연인, 가족 등 누구와 함께 갈지 결정되면 동행자의 취향과 여행의 목적을 고려해 계획을 세워야 한다. 가령 부모님과 함께하는 여행이라면 휴식과 숙소에 신경을 써야 하고, 어린이와 함께하는 여행이라면 놀이와 학습에 중점을 두는 것이 좋다. 자연경관, 유적지 답사, 해양 스포츠, 맛집 탐방, 쇼핑 등 하고 싶은 것이 확실하다면 일정 짜기가 더욱 쉬워진다.

비행기 티켓 구입하기

자유 여행의 첫걸음은 항공권 예약. 저가 항공사의 경우 가격은 저렴하지만 비행기 스케줄과 환불 여부, 예약 변경, 수하물 규정 등에 제약이 있으므로 무조건 싸다고 선택하기보다 여러 가지 조건을 잘 따져 봐야 한다.

항공권은 정규 요금을 내는 정규 항공권과 할인 또는 특가 항공권이 있다. 저렴한 항공권일수록 시간과 환불 여부, 예약 변경, 수하물 규정 등에 제약이 있기 때문에 꼼꼼히 살펴본 후 구입해야 한다. 항공권에는 유류 할증료, 공항 이용료, 항공 보험료 등이 포함되어 있고, 좌석은 항공기에 따라 퍼스트, 비즈니스, 이코노미로 나뉘며 가격 역시 차이가 있다.

숙소 선택하기

베트남의 숙박 시설은 크게 호텔과 리조트, 현지인이 운영하는 게스트하우스로 나뉜다. 무엇보다 여행 목적과 경비, 입지 조건 등에 따라 나에게 맞는 숙소를 결정하는 것이 중요하다.

첫 번째로 고려해야 할 사항은 여행 목적. 가볍게 하룻밤 쉴 곳이 필요하다면 호텔을, 숙소에 머무는 시간이 많고 다양한 부대시설을 즐기고자 한다면 리조트를 추천한다.

두 번째로 고려해야 할 사항은 여행 경비. 숙소는 규모와 시설, 서비스 등에 따라 가격이 달라지는데, 최대한 사용할 수 있는 금액의 범위를 정하면 선택이 쉬워진다. 호텔과 리조트는 등급에 따라 가격이 천차만별이고 게스트하우스는 저렴한 편이다.

세 번째로 고려할 사항은 입지 조건. 숙소는 관광 명소와의 거리, 시내 중심가와의 연결 등이 중요하다. 가격이 저렴할수록 교통이 좋지 않으므로 교통수단 비용까지 고려해 선택해야 한다.

숙소 예약하기

원하는 숙소가 결정되면 최대한 빨리 예약하는 것이 좋다. 남아 있는 객실 확보도 중요하지만 일찍 예약할수록 특정 기간에 진행하는

저가 항공 이용 시 주의할 점

저가 항공은 항공 스케줄이 자주 변경된다. 사전에 공지 없이 변경 또는 항공편이 취소되는 경우가 있다. 스케줄이 변경되면 예약 당시 기입한 휴대전화나 이메일로 변경 사항을 보내주는데 출발 몇 시간 전에 보내는 경우도 있다. 마지막까지 휴대폰 메시지나 이메일을 확인하자.

땡처리 항공권

땡처리 항공권은 출발 날짜가 임박해 저렴하게 판매하는 티켓을 뜻한다. 충분히 여행 준비를 할 시간적 여유가 없고, 유효 기간이 짧으며 환불 및 날짜 변경이 안 되는 단점이 있지만 여행 시기를 잘 맞추면 실용적이다.

프로모션이나 이벤트 할인 등을 적용받을 수 있기 때문. 또한 호텔 예약 사이트를 비교해 가며 저렴한 가격으로 예약할 수도 있다. 여행하는 기간이 성수기라면 더더욱 예약을 서두를 것. 직접 호텔에 연락해 예약하거나, 여행사를 통해 대리 예약을 하거나, 호텔 예약 사이트를 이용하는 방법이 있다.

베트남 숙소 이용 노하우

■ 도시별 호텔 선택 요령

나트랑에서는 시내에 있는 호텔 대부분이 시티 호텔이다. 리조트 호텔에 묵고 싶다면 시내 중심지에서 떨어진 곳에 숙소를 잡자.

호찌민에는 콜로니얼 양식의 호텔이 많은데, 이런 호텔을 이용해 보는 것도 좋다. 동커이 거리 주변에는 고급 호텔부터 이코노미 호텔까지 다양한 호텔이 있다. 저렴한 숙소를 찾고 싶은 사람은 팜응울라오 거리로 가자.

후에에서 호텔이 밀집해 있는 곳은 신시가지라고 부르는 강의 남쪽이다. 왕궁이 있는 구시가에는 호텔이 거의 없다. 호이안에서는 크게 해변에 있는 리조트 호텔과, 구시가 북서쪽에 있는 바찌에우(Bà Triệu) 거리 주변의 저렴한 호텔로 나눌 수 있다.

하노이에서는 호안끼엠 호수 주변에 숙소를 정하는 것이 여러모로 편리하다. 이코노미 호텔은 구시가에 많다.

■ 체크인 & 체크아웃

호텔 체크인을 할 때는 신용 카드를 제시해야 한다. 여행 중 딱히 쓸 생각이 없어도 신용 카드는 갖고 있어야 한다. 신용 카드가 없으면 보증금으로 현금 50~100US$를 요구하는 경우도 있다. 체크아웃을 할 때 신용 카드를 다시 돌려받는 것을 잊어버리는 경우가 있으니 주의하자.

주로 중급 클래스 이하의 호텔에서 체크인을 할 때 여권을 맡기라고 하는데, 투숙객 정보를 경찰에 신고할 의무가 있기 때문이다. 여권이 꼭 필요한 경우에 이야기하면 해당 부분의 여권을 복사한 다음 돌려주는 경우가 많다.

■ 저렴한 호텔 이용 시 유의점

요금이 30US$ 이하인 호텔에서는 특히 주의해야 할 점이 있다. 먼저 폐문 시간이 있다. 밤이 늦으면 호텔 문을 잠가 버리는 것이다. 심야에 도착하거나 새벽에 출발할 경우에는 24시간 영업하는 호텔을 선택하는 것이 좋다.

창이 없는 객실도 있다. 중급 호텔도 저렴한 객실에는 창이 없는 경우가 있으니 사전에 확인해 두자.

저렴한 호텔이라면 3층, 4층 이상의 높이라도 엘리베이터가 없는 경우가 있다. 무거운 짐을 들고 계단을 오르내리는 일은 힘든 일이다. 호텔 측에 요청하면 저층 객실로 바꿔 주기도 한다.

■ 호텔 예약 사이트

아고다 www.agoda.co.kr
부킹닷컴 www.booking.com
트립어드바이저
www.tripadvisor.co.kr
익스피디아 www.expedia.co.kr
호텔패스 www.hotelpass.com
에어비앤비 www.airbnb.co.kr

환전과 여행 경비

TRAVEL BUDGET

베트남은 신용 카드를 취급하지 않는 작은 상점이나 식당이 많다. 안전을 위해서라도 신용 카드는 호텔이나 면세점, 대형 쇼핑센터, 은행 ATM에서만 사용하도록 한다.

외국에서도 사용 가능한 신용 카드인지 확인!

신용 카드 수수료 계산하기

국제 카드 브랜드 수수료 1%

비자, 마스터에서 청구하는 수수료.

국내 카드사의 환가료 0.2~0.75%

현지에서 카드를 결제하면 카드사는 가맹점에 외화로 비용을 미리 지불한다. 고객으로부터 돈을 받으려면 결제일까지 시간이 걸리므로 그 기간 동안 부여하는 이자 명목의 수수료다.

지불 통화 변경에 따른 환가 수수료 0.5% 내외

달러로 물건을 구매했다면, 이 금액이 국제 카드사를 통해 국내 카드사로 청구되는 과정에서 미국 달러에서 원화로 통화가 바뀌게 된다. 이때 기준 환율보다 높은 환율이 적용돼 금액이 조금씩 올라간다.

현금은 미국 달러로 준비하는 것이 편리

베트남에서는 현지 통화인 베트남동(Dong, VND)과 함께 미국 달러(USD)가 많이 쓰인다. 일부 상점에서는 물건을 사고 돈을 낼 때 미국 달러를 내도 된다. 그래도 현지에서 가장 많이 쓰이는 통화는 베트남동이다. 미국 달러를 베트남동으로 환전해 사용하는 것이 좋다.

현금 환전

여행을 떠나기 전, 현지에서 사용할 여행 경비를 미리 계산해 은행에서 환전한다. 은행마다 환율이 다르고, 사이버 환전을 사용하면 환율 우대와 무료 여행자보험 등의 혜택을 주는 곳이 있으니 미리 알아보고 선택할 것.
높은 환율 우대를 받고 싶다면 각 은행에서 운영하는 환전 클럽에 가입하는 것도 좋은 방법이다. 부득이하게 은행에서 환전을 못 했을 경우에는 인천국제공항 내 환전소를 이용하면 되지만 환율 우대가 좋지 않으므로 약간의 손해는 감수해야 한다.

신용 카드

현금만 가져가는 것이 불안하다면 신용 카드를 준비하자. 약간의 수수료 부담이 있지만 가장 편리한 결제 수단이며 예상하지 못한 지출이 있을 때 비상용으로 사용할 수 있다. 베트남의 신용 카드 보급률은 3% 정도로 낮은 편이지만, 시내 호텔이나 레스토랑 등에서는 신용 카드를 쓸 수 있는 곳이 점차 늘어나고 있다.
한편 호텔, 렌터카 등을 예약할 경우 보증금의 명목으로 신용 카드를 요구하기도 한다. 출국 전 자신의 카드가 외국에서도 사용 가능한지 반드시 확인하자. 비자(Visa), 마스터(Master) 등의 카드는 무난하게 사용할 수 있다. 또 외국은 카드 뒷면의 사인을 확인하므로 꼭 서명해 두고 핀 넘버(비밀번호)도 기억해 두자.

현금 인출

한국에서 발행한 해외 현금 카드나 신용 카드로 현지 ATM에서 현지 통화로 인출할 수 있다. 1회당 인출 금액이 10만 원 정도로 제한되어 있어 다소 불편하지만 수수료가 1,000원 정도로 저렴한 은행이 많아 필요한 금액만큼만 소액으로 인출할 수 있다. 단, 베트남의 ATM기는 고장 난 곳이 많고, 문제 발생 시 긴급 호출 전화도 비치돼 있지 않다. 그러니 가급적 은행 안에 있는 ATM기를 이용하자. 문제가 생겼을 때 바로 직원을 호출할 수 있어서 편리하다.

여행이 즐거워지는 현명한 짐 꾸리기

여행 가방이 가벼울수록 여행자의 발걸음 또한 가벼워진다. 꼭 필요한 물건만 넣고, 샘플 화장품이나 일회용 · 미니 사이즈 제품, 사용하고 버려도 무방한 아이템으로 채울 것. 여행 가방에 넣을 물건을 선별한 후에는 무거운 것은 아래에, 가벼운 것은 위에 배치한다.

여행 가방 꾸리기

TRAVEL BAG

기내용 가방에 넣을 물품

여권	해외여행의 필수품
항공권	왕복 항공권은 입국 심사 시 꼭 필요하다.
현금/신용 카드	원화와 현지 통화, 신용 카드는 잘 보관해야 한다.
가이드북	미리 여행 계획을 세우기 좋은 〈Just go 나트랑〉
필기도구	기내에서 출입국 카드, 세관 신고서를 기입할 때 필요하다.
각종 전자 기기	여행의 추억을 기록하기 좋은 휴대폰, 카메라, 노트북
읽을 거리	비행기에서 무료한 시간을 달래줄 책이나 잡지
비상약	안약, 진통제, 소화제 등은 미리 챙기는 것이 좋다.

위탁 수하물에 넣을 물품

옷	여름옷 위주로 준비하나 태풍이나 냉방이 심한 곳을 대비해 얇은 긴팔 상의도 챙길 것
속옷, 양말	가볍게 입고 버릴 수 있는 제품이 좋다.
수영복	해양 액티비티가 많다면 수영복은 필수
모자	뜨거운 태양을 막는 용도
샌들, 슬리퍼, 운동화	통풍이 잘되는 여름용 제품. 많이 걸어야 할 경우 운동화는 필수
선글라스	강한 태양으로부터 눈과 얼굴을 보호해 준다.
화장품	피부 보호를 위한 기본적인 용품
자외선 차단제	자외선이 강한 곳이기 때문에 반드시 챙길 필수품
세면도구	용량이 적은 여행용 패키지. 칫솔과 치약을 제공하지 않는 경우를 대비하자.
멀티어댑터, 충전기	휴대폰, 카메라, 노트북 등을 충전하려면 필수
작은 가방	해변, 쇼핑, 관광을 나설 때 상황별로 들고 다니기 편한 가방을 준비하자.
방수팩	해변에서 놀거나 해양 액티비티를 즐길 때 필수
스카프	모자와 아우터웨어를 대신하는 용도. 크기가 크면 해변에 돗자리처럼 깔아 사용하기도 편하다.
비닐/지퍼백	땀에 젖은 옷이나 세면도구를 분리하기 편하다.
우산	비 올 경우를 대비한 작고 가벼운 접이식 우산
물티슈	위생적으로 사용하기 편한 물품
드라이어	숙소에 없는 경우가 있으니 스타일링에 신경 쓴다면 챙길 것

※폭발 위험 문제로 라이터와 보조배터리는 위탁 수하물로 부칠 수 없다.

항공기 객실 내 액체류 반입 기준

물 · 음료 · 식품 · 화장품 등 액체 · 스프레이 · 겔류(젤 또는 크림)로 된 물품은 100mL 이하의 개별 용기에 담아, 1인당 1L 투명 비닐 지퍼백 1개에 한해 반입 가능. 유아식 및 의약품 등은 항공 여정에 필요한 용량에 한하여 반입 허용. 단, 의약품 등은 처방전 등 증빙 서류를 검색 요원에게 제시해야 한다. 더 자세한 규정은 국토교통부 누리집 또는 항공보안과로 문의하자.

국토교통부 누리집
www.molit.go.kr
항공보안과 044-201-4232~8

항공기 반입 금지 물품

• 수류탄, 조명탄, 폭죽, 지뢰, 화약류 등 폭발물류

• 성냥, 부탄가스, 휘발유, 페인트 등 인화성 물질

• 염소, 표백제, 수은, 독극물 등 방사성 · 전염성 · 독성 물질

• 소화기, 드라이아이스, 최루가스 등 기타 위험 물질

• 창 · 도검류, 총기류, 무술 호신용품, 공구류, 스포츠용품 등은 위탁 수하물로만 가능

인천공항 가는 법

TO THE AIRPORT

국제선을 타려면 늦어도 비행기 출발 2시간 전에는 공항에 도착해야 한다. 공항으로 가는 방법도 여러 가지. 나에게 맞는 교통편을 찾아보자.

가는 방법

2018년 1월부터 인천국제공항이 제1터미널, 제2터미널로 나뉘어 운영되고 있다. 두 터미널이 멀찍이 떨어져 있는 데다 각각 취항 항공사가 다르므로, 출발 전 반드시 전자항공권(e-티켓)을 통해 어느 터미널로 가야 하는지 확인해야 한다. 자칫 터미널을 잘못 찾을 경우 비행기를 놓치는 불운이 생길 수도 있다. 새로 개장한 제2터미널로 이전한 항공사는 대한항공, 아에로 멕시코, 델타항공 등 스카이 팀 소속 11개 항공사이다. 기존의 제1터미널은 아시아나 항공, 기타 외국 항공사와 저가 항공사들이 취항한다.

터미널 간 이동은 5분 간격으로 운행되는 무료 순환버스를 타면 된다. 제1터미널 3층 중앙 8번 출구, 제2터미널 3층 중앙 4~5번 출구 사이에서 출발하며 15~18분 걸린다.

리무진 버스

인천국제공항으로 가는 가장 대표적인 교통수단이다. 서울, 수도권, 인천은 물론 경기도 북부와 충청남북도, 경상남북도, 전라남북도, 강원도에서 인천국제공항까지 한 번에 오는 노선이 있다. 서울 시내에서 출발하는 리무진 버스는 김포공항과 주요 호텔을 경유해 인천공항까지 오는데, 제1터미널까지 50분, 제2터미널까지 65분 정도 걸린다. 요금은 서울 및 수도권 기준으로 1만~1만 5,000원 정도다. 정류장, 시각표, 배차 간격, 요금 등은 인천국제공항 홈페이지(www.airport.kr)나 공항리무진 홈페이지(www.airportlimousine.co.kr)을 참고한다.

공항 철도

서울역과 인천국제공항을 연결하는 공항철도는 리무진 버스 다음으로 대중적인 공항 교통수단이다. 공항철도는 모든 역에 정차하는 일반 열차와 서울역에서 인천공항까지 무정차로 운행하는 직통열차로 나뉜다. 일반 열차는 6~12분 간격에 58분이 걸리고, 요금은 서울역에서 출발할 경우 인천공항 1터미널역까지 4,150원, 인천공항2터미널역까지 4,750원이다. 직통열차는 일반 열차와 달리 지정 좌석제로 승무원이 탑승해 안내 서비스를 제공한다. 30분~1시간 간격 운행에 43분 걸리고 요금은 9,000원이다.

인천공항 제2터미널을 이용하는 항공사(2019년 8월 기준)

- 대한항공
- 아에로 멕시코
- 델타항공
- 에어프랑스
- KLM 네덜란드항공
- 알리탈리아
- 중화항공
- 가루다인도네시아
- 샤먼항공
- 체코항공
- 아에로플로트

자가용

인천국제공항에 가려면 공항 전용 고속도로인 인천국제공항 고속도로를 이용해야 한다. 제2터미널을 이용할 경우는 표지판을 따라 신설 도로로 진입한다. 일단 진입한 뒤에는 공항과 영종도 외에는 다른 곳으로 가는 것이 불가능하다. 통행료는 경차 3,300원, 소형차 6,600원, 중형차 1만 1,300원, 대형차 1만 4,600원. 여객 터미널 출발층 진입로는 승용차와 버스 진입로가 서로 다르니 주의한다.

택시

당장 출발하지 않으면 비행기를 놓칠 경우 선택하는 최후의 교통수단이다. 가장 가깝다는 인천에서 이용하는 택시비는 2만 5,000~3만 원이고, 서울 도심에서는 미터 요금만 4만~6만 원에 공항 고속도로 이용료까지 부담해야 한다. 만약 4명이 함께 탑승한다면 리무진 버스 요금과 비슷하니 택시를 이용하는 것도 괜찮다.

인천국제공항 주차 요금

구분		요금
단기 주차장	소형차	시간당 2,400원, 기본 30분 1,200원, 추가 15분 600원
		1일 2만 4,000원
장기 주차장	소형차	시간당 1,000원, 1일 9,000원
	대형차	30분당 1,200원, 1일 1만 2,000원

인천국제공항 고속도로 통행료

차종	신공항영업소	북인천영업소	청라영업소
경차	3,300원	1,600원	1,250원
소형차	6,600원	3,200원	2,500원
중형차	1만 1,300원	5,500원	4,200원
대형차	1만 4,600원	7,100원	5,500원

인천국제공항 고속도로 진입로

은평, 마포 등 서울 북서부 지역	강변북로 및 자유로와 연결되는 북로 JCT
강남, 서초, 영등포, 여의도	올림픽대로와 연결되는 88 JCT
김포공항, 목동 등 서울 남서부 지역	김포공항 IC
김포, 부천, 시흥, 일산 등	외곽순환도로와 연결되는 노오지 JCT
인천 지역	북인천 IC

도심에서 여유롭게 수속하고 떠나자

도심공항터미널은 도심에서 체크인, 출국 소속은 물론 수하물 위탁까지 미리 하고 공항으로 떠날 수 있는 서비스. 단, 터미널마다 이용 가능한 항공사(이용편에 따라 수속이 불가한 경우도 있다)가 다르기 때문에 출발 전에 미리 확인하고 가야 한다.

도심공항터미널

서울 삼성동 코엑스에 있는 도심공항터미널. 아시아나항공과 제주항공을 이용할 경우 이곳에서 항공사 탑승 수속, 법무부 출국 심사를 할 수 있다. 출국 3시간 30분 전까지 수속을 마쳐야 하고, 도심공항터미널에서 인천국제공항까지는 1시간 10~30분 정도 소요된다.
전화 02-551-0077~8
홈페이지 www.kcat.co.kr

서울역 도심공항터미널

공항 철도 이용자라면 서울역 지하 2층에 있는 도심공항터미널에서 항공사 탑승 수속을 할 수 있다. 탑승 수속이 가능한 항공사는 아시아나항공, 제주항공, 대한항공 등. 운영 시간은 05:20~19:00이고, 출국 3시간 전까지 수속을 마쳐야 한다.
전화 1599-7788
홈페이지 www.arex.or.kr

광명역 도심공항터미널

2018년 오픈한 광명역 도심 공항터미널에서 탑승 수속, 사전 출국 심사를 할 수 있다. 단 대한항공, 아시아나항공을 비롯한 국내 저가 항공사만 수속 가능하다. KTX 광명역 서편 남쪽 지하 1층에 입구가 있으며, 인천공항까지 리무진버스로 50~70분 소요된다.

출국 수속

DEPARTURE

주말이나 성수기는 출국 수속을 하는 데 더 많은 시간이 걸리므로 공항에 여유 있게 도착한다.

01. 공항 도착

start!

대한항공을 포함한 몇몇 스카이팀 항공사는 제2터미널, 아시아나 항공과 기타 외국 항공사, 저가 항공사는 제1터미널을 이용한다.

부치는 짐의 무게 제한은 15~23Kg으로 항공사별로 다르다!

06. 좌석 선택과 짐 부치기

보조 배터리는 부치는 짐에 넣을 수 없으므로 기내에 직접 가지고 타야 한다.

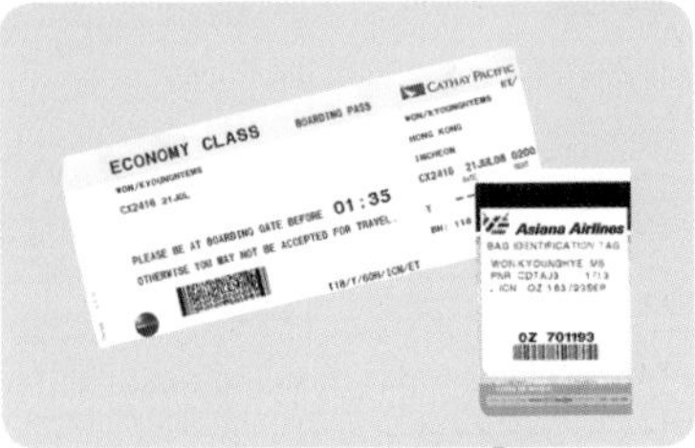

07. 탑승권과 위탁 수하물 태그 받기

08. 출국장 들어가기

여권과 보딩 패스 제시

DSLR, 태블릿 PC, 노트북도 통과시킨다.

09. 세관 신고 · 보안 검색

10. 출국 심사

the end!

11. 출발 게이트로 이동

02. 카운터 확인

탑승할 항공사 카운터를 확인 후 이동한다.

03. 카운터 도착

줄을 서서 차례를 기다린다.

Go! Go!

04. 체크인 시작

셀프 체크인 혹은 카운터 체크인

05. 여권과 e티켓(인쇄물) 제시

셀프 체크인

좌석 배정과 탑승권 발급 등의 탑승 수속 과정을 무인 발권기를 통해 여행자 스스로 처리하는 무인 발권 시스템. 수속은 3분 정도 소요되며, 수하물은 탑승권을 발급받은 후 해당 항공사의 수하물 전용 카운터에서 부치면 된다. 아시아나항공은 M 구역, 제주 항공은 E 구역에 각각 설치되어 있다.

셀프 체크인을 이용하면 빠르게 수속을 마칠 수 있다.

자동 출입국 심사 서비스

공항에서 줄 서서 기다리는 일이 딱 질색이라면 자동 출입국 심사 서비스를 이용하자. 제1터미널, 제2터미널 모두 자동 출입국 심사 서비스를 이용할 수 있다. 기존의 자동 출입국 심사는 각 공항에 위치한 사전 등록 센터에서 여권, 지문, 얼굴 사진을 등록하는 절차를 거쳐야 했으나, 2017년 1월부터 만 19세 이상 대한민국 여권 소지자라면 사전 등록 절차 없이도 자동 출입국 심사 서비스를 이용할 수 있게 되었다. 그러나 만 19세 미만, 이름 등 인적 사항이 변경된 사람, 주민등록증 발급 후 30년이 지난 사람은 꼭 사전 등록을 해야 한다. 사전 등록 시 여권과 얼굴 사진을 준비해 가야 한다. 인천공항 제1터미널은 출국장 3층 F 발권 카운터 앞 등록 센터, 제2터미널은 2층 중앙의 정부 종합 행정 센터 쪽(동식물 검역소 옆) 등록 센터에서 하면 된다. 운영 시간은 양 터미널 모두 07:00~19:00.

베트남 여행 회화

베트남에서는 외국인이 많이 이용하는 호텔이나 레스토랑, 쇼핑센터 외에는 영어가 잘 통하지 않기 때문에 기본적인 베트남어를 익혀 두면 여행에 많은 도움이 된다. 여행할 때 꼭 필요한 단어와 문장을 알아보자.

베트남어의 기본 원칙

성조

베트남어는 모음이(a, ă, â, ì(y), u, ư, e, ê, o, ơ, ô)로 12개이며 성조(聲調)가 6개(남쪽 지방은 5개) 있다. 성조는 평탄한 무인(a), 내려가는 부호(à), 천천히 내려갔다 올라가는 부호(ả), 짧게 내려갔다 올라가는 부호(ã), 올라가는 부호(á), 강하게 내리는 부호(ạ)로 표시되며 남쪽에서는 (ả)와 (ã)가 확실하게 구별되지 않는다. 같은 단어라도 성조가 틀리면 의미가 달라지므로 부호를 잘 보고, 천천히 발음해 보자.

문장의 구성

문장의 구성은 주어, 그리고 술어의 순서다. 문법은 아주 간단해서 관사나 시제에 따른 동사의 변화가 없다. 내일과 어제라는 단어가 들어가면 동사 앞에 미래를 뜻하는 sẽ(세), 과거를 뜻하는 đã(다)가 없어도 충분히 통한다.

형용사는 주어의 뒤에 온다.

예) 이 꽃이 예쁩니다. → Hoa này / đẹp (호아 나이 / 댑)
주어 술어 → 주어 술어

또 수식어는 명사의 뒤에 오는 점을 주의하자.

예) 이 꽃 → Hoa này (호아 나이)
꽃 이

긍정문과 부정문

영어의 be 동사에 해당하는 것은 Là(라)로, 'Tôi là'의 경우 '나는 ~입니다'가 된다.

예) 나는 한국인입니다. → Tôi là người Hàn Quốc (또이 라 응어이 한 꾸옥)

일반 동사의 경우는 예와 같다.

예) 나는 나트랑에 갑니다. → Tôi đi Nha Trang (또이 디 냐짱)

부정의 경우에는 동사 앞에 Không을 놓으면 된다.

일상 회화

안녕하세요. Xin chào. (씬 짜오)

안녕히 가세요. Tạm biệt. (땀 비엣)

(남성에게) 잘 지냅니까? Anh có khỏe không? (아인 꼬 쾌 콩)

(여성에게) 잘 지냅니까? Chi có khỏe không? (찌 꼬 쾌 콩)

고맙습니다. Cảm ơn. (깜 언)

천만에요. Không có gì. (콩 꼬 지)

실례합니다. Xin lỗi. (씬 로이)

축하합니다. Chúc mừng. (쭉 믕)

네. Vâng (벙)

아니오. Không (콩)

모르겠습니다. Tôi không biết. (또이 콩 비엣)

싫어요. Tôi không thích. (또이 콩 틱)

만나서 반갑습니다. Rất vui được gặp bạn. (렃 부이 드억 갑 반)

나는 한국 사람입니다. Tôi là người Hàn Quốc. (또이 라 응어이 한 꾸옥)

나의 이름은 ○○○입니다. Tôi tên là ○○○. (또이 뗀 라)

(남성에게) 당신의 이름은 무엇입니까?
Anh tên là gì? (아인 뗀 라 지)

(여성에게) 당신의 이름은 무엇입니까?
Chi tên là gì? (찌 뗀 라 지)

(남성에게) 수고하세요. Chào anh. (짜오 아인)

(여성에게) 수고하세요. Chào chị. (짜오 찌)

화장실은 어디입니까? Nhà vệ sinh ở đâu? (냐 베 신 어 더우)

천천히 말해 주세요. Xin nói chậm chậm. (씬 너이 쩜 쩜)

다시 말해 주세요. Xin nói lại một lần nữa. (씬 너이 라이 못 런 느어)

교통

공항 sân bay (선 바이)　　역 nhà ga (냐 가)

버스 정류장 trạm xe buýt (짬 쌔 부잇)

버스 터미널 bến xe buýt (벤 쌔 부잇)

비행기 máy bay (마이 바이)

기차 xe lửa / tàu hỏa (쌔 르어 / 따우 호아)

버스 xe buýt (쌔 부잇)

택시 tắc xi (딱 씨)

빨리 가 주세요. Xin nhanh lên. (씬 냔 렌)

천천히 가 주세요. Xin chầm chậm. (씬 쩜 쩜)

OO 호텔은 어디입니까? Khách sạn OO ở đâu? (카익 산 OO 어 더우)

택시를 불러 주세요. Gọi tắc xi giúp tôi. (고이 딱 씨 쥽 또이)

공항으로 가 주세요. Cho tôi đến sân bay. (쩌 또이 덴 선 바이)

여기 세워 주세요. Dừng lại ở đây. (증 라이어 다이)

몇 시에 출발합니까? Mấy giờ khởi hành? (머이 지어 커이 하인)

몇 시에 도착합니까? Mấy giờ đến nơi? (머이 지어 덴 너이)

하루에 얼마입니까? Một ngày bao nhiêu tiền? (못 응아이 바오 니에우 띠엔)

기본 단어

〈인칭〉

나 tôi (또이)

우리들(듣는 사람 포함) chúng ta (쭝 따)

우리들(듣는 사람 미포함) chúng tôi (쭝 또이)

당신(남성) anh (아인)　　당신(여성) chị (찌)

당신들 các anh (깍 아인)　các chị (깍 찌)

그 anh ấy (아인 어이)　　그녀 chị ấy (찌 어이)　　그들 họ (호)

이 사람 người này (응어이 나이)　　저 사람 người kia (응어이 끼어)

〈요일〉

월요일 ngày thứ hai (응아이 트 하이)

화요일 ngày thứ ba (응아이 트 바)

수요일 ngày thứ tư (응아이 트 뜨)

목요일 ngày thứ năm (응아이 트 남)

금요일 ngày thứ sáu (응아이 트 사우)

토요일 ngày thứ bảy (응아이 트 바이)

일요일 ngày chủ nhật (응아이 쭈 녓)

〈숫자〉

0 không (콩)	8 tám (땀)
1 một (못)	9 chín (찐)
2 hai (하이)	10 mười (므어이)
3 ba (바)	11 mười một (므어이 못)
4 bốn (본)	12 mười hai (므어이 하이)
5 năm (남)	13 mười ba (므어이 바)
6 sáu (사우)	14 mười bốn (므어이 본)
7 bảy (바이)	15 mười lăm (므어이 람)

16 mười sáu (므어이 사우)	100 một trăm (못 짬)
17 mười bảy (므어이 바이)	1,000 một ngàn(남) (못 응안)　một nghìn(북) (못 응인)
18 mười tám (므어이 땀)	10,000 mười ngàn(남) (므어이 응안)　mười nghìn(북) (므어이 응인)
19 mười chín (므어이 찐)	
20 hai mười (하이 므어이)	

레스토랑 & 카페

냐 항
식당 nhà hàng

아인 어이
(남성에게) 여기요. Anh ơi.

찌 어이
(여성에게) 여기요. Chị ơi.

쪼 쭝 또이 고이 몬
주문 받아 주세요. Cho chúng tôi gọi món.

쪼 또이 쌤 특 던
메뉴를 보여 주세요. Cho tôi xem thực đơn.

물(미네랄워터) 주세요.
쪼 또이 느억 쑤오이 코앙
Cho tôi nước suối khoáng.

콩 라우 텀
고수는 빼 주세요. Không rau thơm.

키 나오 몬 안 라
음식은 언제 나오나요? Khi nào món ăn ra?

쪼 또이 못 꼭 까 페
커피 한 잔 주세요. Cho tôi một cốc cà phê.

바오 니에우 띠엔
얼마예요? Bao nhiêu tiền?

띤 띠엔
계산할게요. Tính tiền.

계산이 맞지 않습니다.
띤 띠엔 콩 둥 아
Tính tiền không đúng ạ.

〈음식〉

퍼
국수 phở

분
국수 bún

바인 미
빵 bánh mì

껌
밥 cơm

팃 가
닭고기 thịt gà

팃 보
소고기 thịt bò

팃 해오
돼지고기 thịt heo

똠
새우 tôm

까
생선 cá

라우
채소 rau

고이 응오 샌
샐러드 gỏi ngó sen

바인 짱
라이스페이퍼 bánh tráng

라우 텀
향채(고수) rau thơm

〈음료〉

르어우
술 rượu

비어
맥주 bia

느억 즈어 허우
수박주스 nước dưa hấu

느억 깜
오렌지주스 nước cam

느억 미어
사탕수수주스 nước mía

느억
물 nước

느억 수오이
미네랄워터 nước suối

〈조미료〉

무오이
소금 muối

느억 뜨엉
간장 nước tương

점
식초 dấm

띠에우
후추 tiêu

엇
고추 ớt

드엉
설탕 đường

〈식사 도구〉

티어 무옹
숟가락 thìa / muỗng

두어
젓가락 đũa

니어
포크 nĩa

꼰 자오
나이프 con dao

디어
접시 đĩa

꼭
컵 cốc

〈맛〉

응온
맛있다 ngon

만
짜다 mặn

냣
싱겁다 nhạt

응옷
달다 ngọt

쭈어
시다 chua

까이
맵다 cay

당
쓰다 đắng

상점

아오 퐁
티셔츠 áo phông

꾸언
바지 quần

바이
치마 váy

도 롯
속옷 đồ lót

무 논
모자 mũ / nón

자이
구두 giày

자이 테 타오
운동화 giày thể thao

잽
샌들 dép

미 펌
화장품 mỹ phẩm

비
지갑 ví

뚜이 싹
가방 túi xách

호아 꽈 서이 코
말린 과일 hoa quả sấy khô

바오 니에우 띠엔
얼마예요? Bao nhiêu tiền?

까이 나이 라 까이 지
이것은 무엇입니까? Cái này là cái gì?

쪼 또이 쌤 까이 끼어
저것을 보여 주세요. Cho tôi xem cái kia.

까이 나이 막 트 드억 콩
입어 봐도 될까요? Cái này mặc thử được không?

막 꽈
너무 비싸요. Mắc quá.

잠 자 디
깎아 주세요. Giảm giá đi.

씬 등 노이 탁
바가지 씌우지 마세요. Xin đừng nói thách.

또이 새 무어 까이 나이
이 물건으로 살게요. Tôi sẽ mua cái này.

쪼 또이 항 머이
새 제품으로 주세요. Cho tôi hàng mới.

문제 상황

벤 비엔
병원 bệnh viện

냐 투옥
약국 nhà thuốc

투옥
약 thuốc

다우
아프다 đau

응으어
가렵다 ngứa

농
덥다 nóng

라인
춥다 lạnh

비 솟
열이 있다 bị sốt

쫑 맛
어지럽다 chóng mặt

다우 붕
배가 아프다 đau bụng

비 깜
감기에 걸렸다 bị cảm

비 트엉
상처를 입다 bị thương

까인 삿
경찰 cảnh sát

호 찌에우
여권 hộ chiếu

봅 비
지갑 bóp / ví

띠엔
돈 tiền

비 안 끄업
도둑맞다 bị ăn cướp

멋
잃어버리다 mất

줍 또이 버이
도와주세요. Giúp tôi với.

벤 비엔 어 더우
병원은 어디입니까? Bệnh viện ở đâu?

쪼 또이 투옥
약을 주세요. Cho tôi thuốc.

하이 께우 까인 삿
경찰을 불러주세요. Hãy kêu cảnh sát.

냔 냔
빨리! Nhanh nhanh!

콩
그만! Không!

INDEX

나트랑 관광

기차역(달랏) 081
나트랑 대성당 070
나트랑 비치 068
나트랑 해양 박물관 075
다딴라 폭포 082
달랏 080
랑비앙산 081
롱 비치 079
롱선사 071
빈펄 랜드 062
뽀나가 탑 069
수상 인형극장 077
센트럴 파크 073
알렉상드르 예르생 박물관 074
야시장(달랏) 082
양바이 폭포 078
족렛 비치 079
쩐푸 다리 076
쩜흐엉 타워 076
크레이지 하우스(달랏) 080
호핑투어 066
혼쫑곶 072
XQ 자수 박물관 078

나트랑 호텔 & 리조트

깜라인 리비에라 비치 리조트 & 스파 105
노보텔 나트랑 087
다이아몬드 베이 리조트 & 스파 104
랄리아나 빌라 닌번 베이 099
로사카 나트랑 호텔 088
리버티 센트럴 나트랑 088
멀펄 혼땀 리조트 097
미아 리조트 나트랑 103
백팩 호스텔 나트랑 089
빈펄 디스커버리 1 나트랑 095
빈펄 디스커버리 2 나트랑 096
빈펄 럭셔리 나트랑 093
빈펄 리조트 090
빈펄 리조트 나트랑 092
빈펄 리조트 & 스파 나트랑 베이 094
빈펄 리조트 & 스파 롱비치 나트랑 100
빈펄 콘도텔 비치프런트 나트랑 086
빈펄 콘도텔 엠파이어 나트랑 086
선라이즈 나트랑 비치 호텔 & 스파 087
쉐라톤 나트랑 호텔 & 스파 085
식스센스 닌번 베이 098
아미아나 리조트 나트랑 102
아쿠아 빌라 104
에바손 아나 만다라 083
인터컨티넨탈 나트랑 085
참파 아일랜드 리조트 호텔 & 스파 097
타발로 호스텔 089
퓨전 리조트 깜라인 101
프리미어 하바나 호텔 084

나트랑 맛집

갈랑가 109
꽁 카페 120
그린 월드 레스토랑 114
그릴 가든 118
김치 식당 115
락까인 108
랜턴스 107
루남 비스트로 123
믹스 레스토랑 111
바인깐 51 110
보스고브 버거 & 스테이크 116
스위스 하우스 117
스팀 앤 스파이스 115
아나 비치 하우스 116
아이스드 커피 122
안 카페 122
알파카 홈스타일 카페 112
옌스 108
졸리비 118

쭝응우옌 레전드 121
코스타 시푸드 113
쿡북 카페 117
퍼홍 109
하이랜즈 커피 123
ABC 베이커리 119
BBQ 운인 119

나트랑 쇼핑

꼽마트 126
나트랑 센터 124
덤 시장 126
롯데마트 125
빅C 나트랑 127
야시장(나트랑) 125
K마켓 127

나트랑 스파 & 마사지

100 에그 130
남사오 스파 131
데이지 스파 133
라운지 마사지 133
센 스파 131
아이리조트 128
코코넛 풋 마사지 132
탑바 스파 129
퓨어 베트남 뷰티 & 스파 132

나트랑 나이트 라이프

루이지애나 브루하우스 136
세일링 클럽 135
스카이라이트 137
앨티튜드 134
와이 낫 바 137

호찌민 관광

노트르담 성당 148
동커이 거리 149
베트남 역사박물관 154
벤타인 시장 151
비텍스코 파이낸셜 타워 152
사이공 스퀘어 152
여행자 거리 150
오페라 하우스 147
인민위원회 청사 146
전쟁 박물관 153
중앙 우체국 148
쩌런 154
통일궁 146
호찌민시 박물관 153

호찌민 맛집

꽁 카페 147
꽌응온 138 146
꽌투이94꾸 154
냐항응온 153
로열 사이공 레스토랑 150
뤼진 동커이 149
마운틴 리트리트 152
바오즈 딤섬 레스토랑 154
벱매인 151
분짜 145 부이비엔 150
스타벅스 베트남 1호점 151
워크숍 커피 149
퍼호아 파스퇴르 153
프로파간다 148

호찌민 호텔 & 호스텔

뉴 사이공 호스텔 158
뉴 월드 사이공 호텔 157
더 레버리 사이공 155
디 알코브 라이브러리 호텔 156
렉스 호텔 사이공 156
롱 호스텔 158
르 메르디앙 사이공 157
리버티 센트럴 사이공 시티포인트 호텔 157
소피텔 사이공 플라자 호텔 157
쉐라톤 사이공 호텔 & 타워스 156
실라 어번 리빙 158
에코 백패커스 호스텔 158
인터컨티넨탈 사이공 155
파크 하얏트 사이공 호텔 155
풀만 사이공 센터 호텔 156
퓨전 스위트 사이공 158
호텔 닛코 사이공 155

저스트고 나트랑

2019년 9월 20일 개정판 1쇄 인쇄
2019년 9월 27일 개정판 1쇄 발행

지은이 김문환
발행인 윤호권
편집 원경혜
마케팅 임슬기·정재영·박혜연

발행처 (주)시공사
출판등록 1989년 5월 10일(제3-248호)

주소 서울시 서초구 사임당로 82(우편번호 06641)
전화 편집 (02)2046-2863·영업 (02)2046-2878
팩스 편집 (02)585-1755·영업 (02)588-0835
홈페이지 www.sigongsa.com

ISBN 978-89-527-0507-5
ISBN 978-89-527-4331-2(세트)